大设计

THE GRAND DESIGN

史蒂芬·霍金　列纳德·蒙洛迪诺／著　吴忠超／译

湖南科学技术出版社

THE GRAND DESIGN

STEPHEN HAWKING
AND LEONARD MLODINOW

BANTAM BOOKS

NEW YORK

2010 Bantam Books International Edition

Copyright © 2010 by Stephen W. Hawking and Leonard Mlodinow
Original art copyright © 2010 by Peter Bollinger

Published in the United States by Bantam Books,
an imprint of The Random House Publishing Group,
a division of Random House, Inc., New York.

BANTAM BOOKS and the rooster colophon are
registered trademarks of Random House, Inc.

Cartoons by Sidney Harris, copyright © Sciencecartoonsplus.com

ISBN 978-0-553-84088-9
eBook ISBN 978-0-553-90707-0

Printed in the United States of America

www.bantamdell.com

2 4 6 8 9 7 5 3 1

This book was designed by Simon M. Sullivan

史蒂芬·霍金的其他著作

时间简史——从大爆炸到黑洞

时间简史(普及版)

霍金讲演录(黑洞、婴儿宇宙及其他)

时间简史（插图版）

果壳中的宇宙

童 书

乔治的宇宙：秘密钥匙 （与露西·霍金合著）

乔治的宇宙：寻宝记 （与露西·霍金合著）

乔治的宇宙：大爆炸 （与露西·霍金合著）

列纳德·蒙洛迪诺的其他著作

时间简史（普及版）

醉汉的脚步：随机性如何主宰我们的生活

欧几里得的窗口：从平行线到超曲面的几何故事

费恩曼的彩虹：在物理和生活中寻找美

童 书

最后的恐龙 （与马修·科斯特洛合著）

泰坦尼克猫 （与马修·科斯特洛合著）

目　录

译者序

　　《大设计》是霍金在其《时间简史》之后最重要的著作。这本书的主题是理解生命、万物和宇宙的存在。它凝结了作者自《时间简史》出版之后20多年间，对科学和哲学的探索成果，以及对这些学科的未来展望。这本书是蒙洛迪诺协助完成的。

　　由于近现代科学尤其是量子论的发展，哲学界已不可能跟得上科学的脚步。当今不存在像康德、庞加莱和罗素这样的人物。近30年前霍金提出了量子宇宙学的无中生有的场景，其后有识之士一直追问，为何是有非无？宇宙何以存在？我们何以存在？

　　人类花费了几千年才从神话的朦胧走向理性的澄明。智慧生命逐渐意识到，宇宙整体及其万物是由规律制约的。这种决定论的观点似乎使自由意志无容身之处。幸亏对于极为复杂的系统，人们可以也必须采用有效模型。比如，心理学就是对于人体的有效模型，而自由意志可被镶嵌其中，从此诗意栖居世间，情感抚慰人心，艺术之花绽放。

　　霍金认为实在不过是一套自洽的和观测对应的图景、模型或者理论。霍金将其称为依赖模型的实在论。如果两种图景满足同样的条件，你就不能讲哪种更实在些，你觉得哪种更方便就用哪种。如果没有一种理论满足这些条件，那么宇宙就消失了。自在之物在这里是多余的。这样，科学甚至数学研究既可看成发现，又可看成发明，由此澄清了许多研究者似非而是的迷惑。这种新观点还使科学和哲学中的许多长期争论的问题成为伪问题。

　　宇宙和万物的演化不只经历一个历史，它们经历所有可能的历史。费恩曼的量子论的历史求和表述与依赖模型的实在论相协调，而与旧实在论相抵触。量子论只有在经典的近似范围才和旧实在论协调。惠勒把这些观点应用于宇宙尺度，于是因果的差异就消失了。过去和将来一样不是被确定的。

人类从蒙昧走向文明是一部伟大的史诗：牛顿的经典力学、法拉第和麦克斯韦的电磁学、爱因斯坦的相对论、量子论、弱电理论、色动力学、大爆炸模型、无边界设想、超引力、超弦，直至迄今终极理论的唯一候选者——M理论。M理论中的时空是十一维的，当其中七维蜷缩成内空间后，留下各种四维时空及其表观定律。

M理论可以在无边界宇宙的框架中预言众多不同的宇宙及其表观定律，但只有极少数适合我们的存在。在观察者存在的条件下，寻求最大概率的无边界解便得到我们宇宙的历史。观察者作为某种意义上的万物之灵参与创造不仅将来的而且过去的历史。

正是因为这样，由我们的存在条件导出的结论和从表观定律导出的相一致。宇宙似乎特别宠爱观察者。这激起了斯宾诺莎、爱因斯坦和千千万万探索者的宇宙宗教情感。

宇宙中的凝聚物的能量被引力势能平衡，所以宇宙的总能量为零，由此万物不能无中生有，而宇宙却能。真正的太初黑洞必须让宇宙携带其同步才能创生。如果M理论最后被接受为终极理论，那我们就寻找到了大设计。

2006年夏天霍金第三次访问中国，并于6月21日在北京举行记者招待会。为了避免记者提问的无聊和空泛，我为之代拟问题，其中包括下面这一道。

问："你能对宇宙和我们自身的存在作些评论吗?"

答："根据实证主义哲学，宇宙之所以存在是因为存在一个描述它的协调的理论。我们正在寻求这个理论。但愿我们能找到它。因为没有一个理论，宇宙就会消失。"

这恰巧是本书的主旨，本书正是对他回答的圆满阐述。由此可见，他在本书表达的思想早在2006年夏天就已经相当清晰了。

我们似乎处于科学新变革的前夜，这个变革将和哲学的变革同时到来。

吴忠超

2010 年 8 月 26 日　杭州望湖楼

第一章

存在之谜

我们个人存在的时间都极为短暂，其间只能探索整个宇宙的小部分。但人类是好奇的族类。我们惊讶，我们寻求答案。生活在这一广阔的、时而亲切时而残酷的世界中，人们仰望浩渺的星空，不断地提出一长串问题：我们怎么能理解我们处于其中的世界呢？宇宙如何运行？什么是实在的本性？所有这一切从何而来？宇宙需要一个造物主吗？我们中的多数人在大部分时间里不为这些问题烦恼，但是我们几乎每个人有时都会为这些问题所困扰。

按照传统，这是些哲学要回答的问题，但哲学死了。哲学跟不上科学，特别是物理学现代发展的步伐。在我们探索知识的旅程中，科学家已成为火炬手。本书的目的是给出由最近发现和理论进展所提示的答案。它们把我们引向宇宙以及我们在其中的位置的最新图像，这种图像和传统的，甚至与仅一二十年前我们画出的图像都大相径庭。尽管如此，新概念的最初梗概几乎可以追溯到一个世纪之前。

根据宇宙的传统观念，物体沿着明确定义的途径运动，而且具有确定的历史。我们能够指定其每一时刻的确切位置。尽管对于日常的目的这种描述已是足够成功，但在1920

"……而那是我的哲学。"

年代，人们发现，这种"经典"图像不能解释在原子和亚原子的存在尺度下观察到的似乎奇异的行为，而必须采用一种称为量子物理的不同的框架。结果发现在预言那种尺度的事件时，量子物理特别精确，而且在应用于日常生活的宏观世界时，还重复了旧的经典理论的预言。然而，量子物理和经典物理乃是基于物理实在的非常不同的观念之上。

量子论可以用许多不同方式来表述，但是理查德·费恩曼给出的表述大概是最直观的。他是一位多姿多彩的人物，在加州理工学院工作，并在不远处的脱衣舞厅作鼓手。按照费恩曼的说法，一个系统不仅具有一个历史，而且具有每种可能的历史。在寻求答案的时候，我们将仔细地解释费恩曼的方法，并使用它来探讨这种思想，即宇宙的本身并没有单一的历史，甚至也没有悠然独立的存在。这听起来似乎是激进的思想，甚至对于许多物理学家而言也是如此。的确，正如当今科学中的许多概念一样，它似乎违反常识。但是常识是基于日常经验之上，而非基于通过一些无比美妙的技术被揭示的宇宙之上，这些技术中有一部分使我们得以深入窥探原子或者观测早期宇宙。

直至现代物理的出现，一般认为有关世界的一切知识都可以通过直接观测而获取。事物就是它们看起来的样子，正如通过我们的感官而觉察到的。但是现代物理的辉煌的成功显示，情况并非如此。现代物理是基于诸如费恩曼的与日常经验相抵触的概念之上。因此，实在的幼稚观点和现代物理不相容。为了对付这样的矛盾，我们将采用一种称为依赖模型的实在论的方法。它是基于这样的观念，即我们的头脑以构造某种世界模型来解释来自感官的输入。当这样的模型成功地解释事件时，我们就倾向于将实在性或绝对真理的品格赋予它，也赋予组成它的元素和概念。但是在为同样的物理场景作模型时，也许存在不同方法，每种方法使用不同的基本元素和概念。如果两个这样的物理理论或模型都精确地预言同样事件，人们就不能讲一个模型比另一个更真实；说得更确切点，哪个模型更方便我们就随意地使用哪个。

在科学史上，从柏拉图到牛顿的经典理论，再到现代量子理论，我们发现了一系列越来越好的理论和模型。人们很自然地询问：这个系列最后会终结于一个将包括所有的力并能预言所有对宇宙观测的终极理论吗？或者我们将永远寻求越来越好的理论，但永远找不到不能再改善的那个？我们对这个问题尚无确定答案。但是如果确实存在一个万物终极理论的话，我们现在就已拥有了一个称作M理论的候选者。M理论是拥有我们认为最后理论所应具备的所有性质的仅有模型，而在下面的讨论中，我们将大量地以之为基础的正是这

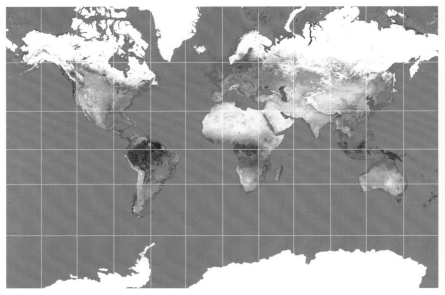

世界地图
需用一系列相互交叠的理论去描述宇宙，正如需用相互交叠的地图去描述
地球一样。

个理论。

M理论不是通常意义上的一种理论。它是整个一族不同的理论，其中的每一种只在物理场景的某一范围很好地描述观测。它有点像地图。众所周知，人们用一单张地图不能展现地球的整个表面。通常应用于世界地图的麦卡脱投影使遥远的北方和南方的面积显得越来越大，而且不覆盖北南两极。为了如实地绘制整个地球的地图，人们必须利用一组地图，每一张地图覆盖有限的范围。这些地图相互交叠，在交叠处，它们展现相同的风景。M理论与之类似。M理论族中的不同理论可显得非常不同，但它们都可认为是同一基本理论的一个方面。它们是基本理论的一些只适用于有限范围的版本——例如在能量这样的量的很小范围。正如麦卡脱投影

中交叠的地图，在不同版本交叠之处，它们预言相同的现象。然而，正如不存在很好地描绘整个地球表面的平坦地图一样，也不存在很好地描绘在一切情形下观测的单一理论。

我们将要描述M理论如何可能为创生问题提供答案。根据M理论，我们的宇宙不是仅有的宇宙。相反地，M理论预言，众多的宇宙从无中创生。它们的创生不需要某种超自然的存在或上帝的干预。毋宁说，这些多重宇宙从物理定律自然地发生。它们是科学所预言的。每个宇宙在后来，也就是说，在像现在这个时刻，即在它创生许久之后，具有许多可能的历史和可能的状态。这些状态中的大多数完全不像我们观察到的宇宙，完全不适宜于任何生命形式的存在。只有非常少的一些可让我们这样的生物存在。因而，我们的存在从这个大量集合中只选取出那些和我们的存在相协调的宇宙。尽管在宇宙的尺度下，我们是弱小和微不足道的，然而这使我们在某种意义上成为造物主。

为了最深入地理解宇宙，我们不仅需要知道宇宙是**如何**行为的，还需要知道**为何**。

为什么存在实在之物，而非一无所有？
我们为什么存在？
为什么是这一族特殊的定律而非别的？

这是生命、宇宙和万物的终极问题。我们将试图在本书中回答这个问题。不像在《银河系漫游指南》中给出的答案，我们的答案不会简单地为"42"。

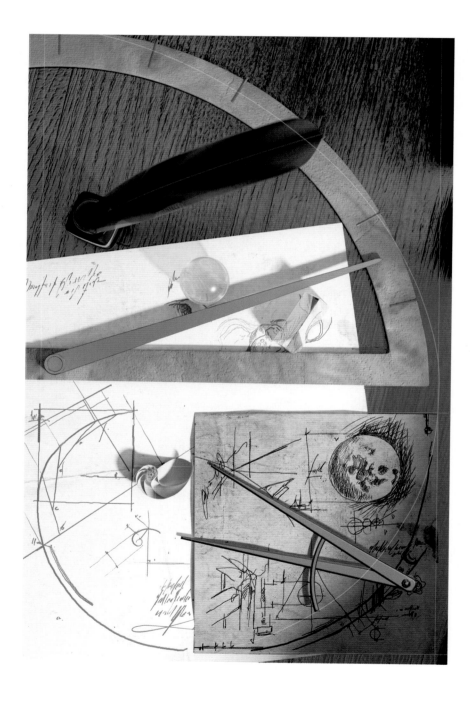

第二章

定律制约

斯克尔狼将恐吓月亮

直到它飞往忧戚之林；

海逖狼将追逐太阳，

它与瑞德威特尼尔沾亲。

——《格里木尼尔之歌》，北欧史诗《埃达》旧版

在北欧神话里，斯克尔狼和海逖狼追逐太阳和月亮。当狼抓住任一个，就会出现日食或月食。当这发生之际，地球人就急忙尽量制造噪声，希望将狼吓跑以拯救太阳或月亮。在其他文化中也有类似的神话。但是过一段时间后，人们一定意识到了，不管他们是否四处大叫大闹，太阳和月亮都会很快地从食中出现。过一段时间后，他们一定也注意到，日食和月食并非随机地发生：它们以规则的自我重复的模式发生。这些模式对于月食而言是非常明显的，尽管古代巴比伦人并未意识到月食是太阳光被地球遮挡所引起的，他们依然相当精确地预言月食。而因为日食只能在地球上大约30英里（1英里=1.609千米）宽的通道上看到，因而预言日食就更加困难。尽管如此，这模式一旦被理解，它就很清楚地表明日月之食并不归因于超自然存在的一时兴致，而是由定律制约的。

尽管我们的祖先在预言星体运动中取得了一些成功，他们却不能预言自然中的大多数事件。火山、地震、风暴、瘟疫，长到肉里去的脚指甲，似乎所有这一切的发生都没有明显的原因或模式。古人很自然地将大自然的暴烈行为归于一

日食

古人不知什么引起日食，然而他们注意到其发生时的模式。

族顽皮或者恶毒的神祇。我们通常认为灾难是人们不知怎么触犯了诸神的征兆。例如，大约公元前5600年，俄勒冈的玛扎玛火山爆发，好多年岩石如雨点般下落，火山灰烧得通红，引发多年落雨，最终水充满了今天被称作克雷特湖的火山口。俄勒冈的克拉玛特印第安人的传说与这一事件的每一个地学细节都相符合，只不过把一个人描绘成灾难的原因使之增加了些许情趣。人们的自责心这么重，总能找到方法去自咎。在那个传奇中，地狱的首领劳迷恋上克拉玛特首领美丽的女儿。她狂傲地拒绝了他，劳为了报复就以火来毁灭克拉玛特。据说幸运的是，天堂首领苏克尔怜悯人类，就和他的地狱对手作战。劳终于受伤，后退至玛扎玛山中，身后留下一个巨大的洞，也就是最后充满了水的火山口。

古人对自然方式的无知，导致他们去发明神祇对人类生活的方方面面作威作福。因而存在爱和战争之神；太阳、月亮和天空之神；海洋和河流之神；风雨雷电之神；甚至地震火山之神。当神高兴时，人类便享受好天气、和平，并免于自然灾害和疾病。当他们不高兴时，干旱、战争、瘟疫和传染病就降临人间。由于人类看不到自然中原因和结果的联系，这些神就显得不可思议，而人们被玩弄于其股掌之上。但是时到大约2600年前，出了个美里塔司的泰勒斯（约前624~约前547年），事情开始改观。自然遵循着一致的可被解释的原则的思想产生了。这就开始了利用宇宙概念来取代神权统治的长期过程。这个概念是：宇宙是由自然定律制约，也是按照我们将来总有一天能读懂的蓝图创生的。

从人类历史的大事年表看，科学探讨只是一个非常新近的努力。我们物种**智人**是在大约公元前20万年起源于撒哈拉沙漠以南的非洲。书写语言仅可回溯至大约公元前7000年，是农耕社会的产物。（一些最早书写的刻石是有关每位居民的啤酒每日定量。）古希腊伟大文明的最早书写记录可回溯到公元前9世纪。但该文明的高峰"古典时代"是在几个世纪之后到来，始于比公元前500年略早一点。按照亚里士多德（前384~前322年）的说法，大约在那个时期，泰勒斯首先发展如下观念，即世界可被理解，我们周围的复杂事件可被归结成较简单的原理，并不诉诸神秘或神学的解释而得到阐明。

首次预言公元前585年的日食是泰勒斯的功劳，虽然他预言的高度精确性也许只是碰好运的猜测。他是一位模糊的人物，没为后世留下自己的任何著作。他的家是名叫爱奥尼亚地区的知识者中心之一。爱奥尼亚被希腊殖民，它的影响从土耳其最终及于意大利那么远的西方。爱奥尼亚科学是以强烈兴趣来揭示基本规律以解释自然现象为特征的努力，是人类思想史上的一座巨大里程碑。他们的方法是理性的，在许多情形下得到令人惊异地类似于今天我们用更复杂方法使自己相信的结论。它代表了一个伟大的开端。但岁月更迭，爱奥尼亚科学中的许多都被遗忘了——只好重新发现或发明，有时甚至不止一次。

在传说中，今天我们称为自然定律的最早数学表述可回溯至一位名叫毕达哥拉斯（约前580~约前500年）的爱奥尼亚人，他借了以其名字命名的定理而闻名于世：直角三角形的斜边（最长的边）的平方等于其他两边的平方和。据说毕达哥拉斯发现了乐器中弦的长度和声音的谐波组合的数值关系。用今天的语言，我们可将此关系描述成在固定张力下弦振动的频率——每秒振动数——与弦长成反比。从实用的观点看，这就解释了为什么低音吉他的弦必须比通常吉他的弦要长。毕达哥拉斯也许并没有发现这个——他也没有发现以他的名字命名的定理——但是现存的证据表明，人们那时就获知弦长和音高之间的某种关系。若如此，可以将那个简单的数学公式当做今天我们称为理论物理的第一个事例。

除了毕达哥拉斯弦长定律，古代人正确通晓的物理定律只有3条，那是由阿基米德（约前287~约前212年）详述的。阿基米德是古代最杰出的物理学家，远高过所有其他人。三条定律，用今天的术语讲，杠杆定律解释了，因为增加力臂与重臂之比将一个力放大，所以用小的力可以举起大的重物。浮力定律是说，浸入液体的物体，都会受到一个向上的作用力，力的大小等于物体所排开的液体的重量。而反射定律断言，一束光和镜面的夹角等于其反射光束和镜面的夹角。但是阿基米德没有把它们称作定律，他也未就有关观察和测量对它们做解释。他反而将它们处理成仿佛是在一个公

爱奥尼亚

古代爱奥尼亚的学者是最早通过自然定律而非神学或神话来解释自然现象的人。

理体系中的纯粹数学定理，该体系很像欧几里得为几何创立的那个体系。

随着爱奥尼亚影响的扩散，其他人继起，看到宇宙具有一个内部秩序，这秩序可能通过观测和理性得到理解。阿那克西曼德（约前610~约前546年），这位泰勒斯的朋友或许学生，论证道，由于人的婴儿诞生时处于无助状态，如果第一个人作为婴儿不知怎么在地球上出现，他就存活不了。阿那克西曼德推理道，因此人应是从其幼年更能吃苦耐劳的其他动物进化而来。这也许是关于人类进化的第一个暗示。恩培多克勒（约前490~约前430年）在西西里观察到使用名叫漏

他们认为普适的人类行为规范——诸如崇尚上帝以及服从父母，包括到自然定律的范畴。另一方面，他们经常以法律的术语描述物理过程，并且相信它们是需要被实施的，尽管被要求"服从"规律的物体无生命。如果你认为使人去服从交通法规很困难，那就去想象说服小行星去沿着椭圆轨道运行吧。

这个传统继续影响着许多世纪后接替希腊人的思想家们。13世纪早期基督教哲学家托马斯·阿奎那（约1225~1274年）采纳这个观点并利用它来论断上帝的存在，他写道："很清楚，无生命的物体并非偶然地而是有意地到达其终点……因此，有一位智慧的造物主，他命令自然的万物走向其终点。"甚至晚至16世纪，伟大的德国天文学家约翰斯·开普勒（1571~1630年）还相信，行星具有感觉并且有意识地遵循运动定律，它们的"头脑"理解这些定律。

自然定律必须被有意服从的观念反映了古人专注于**为何**自然如此这般行为，而非它**如何**行为。亚里士多德是拒绝科学必须主要以观察为基础的思想的那种方法的主要动议者之一。无论如何，古人进行精确测量和数学计算是困难的。我们算术中如此方便的十进位记法只能回溯至大约公元700年。正是印度人为使那个学科成为有力的工具迈出了巨大的第一步。直到15世纪才出现加减的缩写。而在16世纪之前，等号和能计量到秒的时钟都还未出现。

然而，亚里士多德并不认为测量和计算中的问题是发展能够产生定量预言的物理学的障碍，毋宁说，他认为它们没有必要进行。相反，亚里士多德根据一些满足自己心智的原则建立起他的物理学。他隐匿不讨其喜欢的事实，并且把努力集中于事情发生之因，用相对少的精力去精确地详述所发生的。当亚里士多德的结论和观察差别显著不能忽视时，他

"如果在长期统治期间我学会了一件事，那便是我们
正在被放在火上烤。"

的确去调整结论。可是那些调整通常只是做些特别解释，只
比把矛盾之处贴上纸条糊起来略好一点。以那种方法，不管
他的理论多么严重地偏离实际，他总是能改变至恰好似乎足
以摆脱其冲突。例如，他的运动论指明重物以和它们重量成
正比的恒速度下落。为了解释物体在下落时很清楚地增加速
率，他发明了新的原理——当物体靠近其静止的自然地方时，
它更喜悦地前进，也就是加速。今天，这个原理用来描述某
些人似乎比描述无生命的物体更合适。尽管亚里士多德理论
通常只有很小的预言价值，他的科学方法却支配了西方思想
界几乎2000年之久。

　　希腊基督教继承者拒绝宇宙由中性的自然定律制约的观
念。他们还拒绝人类在宇宙中不占有优势地位的观念。尽管

中世纪并没有一个连贯的哲学体系，但基调是宇宙只是上帝的玩具小屋，而宗教是远比自然现象更有价值的研究对象。按照教皇约翰二十一世指示，1277年巴黎主教滕皮尔居然发表了应当予以谴责的219项错误或异端的清单。自然遵循定律的思想是其中一项，因为那与上帝的万能相冲突。有趣的是，数月后，教皇约翰的宫殿屋顶坠落将其砸死，这正是由于引力定律的效应。

17世纪出现了自然定律的现代概念。开普勒似乎是第一个在现代科学意义上理解这个术语的科学家，尽管正如我们说过的，他仍保留有物理对象的泛灵观点。伽利略（1564~1642年）在其大多数著作中不用"定律"这个术语（尽管出现在那些著作的译本之中）。然而不管他是否用了这个词，他的确发现了大量定律，并且提出了两个重要原则，一个是，观测是科学的基础；另一个是，科学的目标是研究存在于物理现象之间的定量关系。而第一位明确并严格地表述如我们理解的自然定律概念的是勒内·笛卡儿（1596~1650年）。

笛卡儿相信，所有物理现象都必须根据运动物体碰撞来解释，物体由三个定律——牛顿著名的运动定律的前身——来制约。他断言那些定律在所有地方和所有时间都有效，并且明确说明服从那些定律并不意味着这些运动物体具有精神。笛卡儿还理解我们今天称作"初始条件"的重要性。初始条件描述的是我们试图作出预言的任意时段之初的一个系统的状态。在给定的一组初始条件下，自然定律确定一个系统如何在时间中演化，然而若无特定的初始条件，演化就不能被指定。例如，如果在零时刻处于正上空的鸽子释放某物，那个落体的路径就由牛顿定理所决定。但是在零时刻，鸽子是静立在电线上还是以每小时20英里速度飞行，其结果将大为不同。为了应用物理定律，人们必须知道系统是如何出发，或者至少在一确定时刻的状态。（人们还可以利用定律在时间中将系统向过去演化。）

人们既然重新相信存在自然定律，于是便试图将那些定律和上帝的概念相调和。按照笛卡儿的观点，上帝可随心所欲地改变道德原则或者数学定理的对错，但不能改变自然本身。他相信，上帝颁布自然定律，但不能选择这些定律，因为我们所经验的定律是仅有的可能定律，他才挑出这些。这似乎有损上帝的权威，但笛卡儿又论证说，因为定律是上帝自性的反映，所以是不能改变的，由此来躲避触犯上帝。如果这是真的，人们也许会认为，上帝仍然具有创生种种不同世界的选择，每一种对应一套不同的初始条件，但是笛卡儿又否认这个。他论断道，不管在宇宙开端物质安排如何，随着时间推移，它就会演化成和我们一样的世界。此外，笛卡儿感到，上帝一旦让世界启动，他就再也不管它了。

艾萨克·牛顿（1643~1727年）采取类似的观点（有些除外）。正是牛顿使其三大运动和引力的科学定律的现代概念被广泛接受。这些定律解释了地球、月亮和行星的轨道以及潮汐现象等。他创立的若干方程以及其后我们由此而推出的精巧的数学框架，今天仍被讲授。无论是建筑师设计大楼，还是工程师设计轿车，或是物理学家计算如何把登陆火星的火箭瞄准目标，都要使用这些东西。正如诗人亚历山大·蒲伯说的：

自然与自然的法则隐藏在黑夜里，
神说："让牛顿降生吧！"
于是，一切都是光明。

今天大多数科学家会说，自然定律是一种规则，这种规则乃基于一种观察到的规律性，并能超越它所据以得出的直接情景而提供预言。例如，我们也许注意到，在我们生命的每天早晨，太阳都从东方升起，并提出"太阳总是从东方升起"的定律。这是一个概括，它超出我们对太阳升起的有限观测，并做出将来的可检测的预言。可是，像"这个办公室中的电脑是黑色的"这样的陈述，就不是一条自然定律，因为它只与办公室内的电脑有关，也并未做出诸如"如果我的办公室买一台新电脑，它必然是黑的"这种预言。

我们现在对术语"自然定律"的理解是哲学家长期争论的议题，它是一个比人们初想起来更微妙的问题。例如，哲学家约翰·W·卡罗尔把"所有金球的直径小于1英里"的陈述和诸如"所有铀235球直径小于1英里"的陈述进行比较。从我们对世界的观察得知，没有金球可比1英里更大，并且我们相当自信永不可能。尽管如此，我们没理由相信，不可能有这样的金球，所以该陈述不算是一条定律。另一方面，因为根据我们有关核物理的知识，一旦铀235球长到大约超过直径6英寸（1英寸=2.54厘米），它就会在一次核爆中自毁。因此我们确定，这样的球不存在。（尝试去制造一个也不是个好主意！）所以，"所有铀235球的直径小于1英里"的陈述可被认为是一条自然定律。这种区分关系重大，因为这阐明了并非所有观察到的概括都可被认为是自然定律，而且大多数自然定律作为更大的相互连结的定律体系的部分而存在。

自然定律在现代科学中通常用数学来表述。它们既可以是精确的，也可以是近似的，但它们必须毫无例外地被遵守——如果不是普适的话，至少在约定的一组条件下必须如此。例如，我们现在知道，如果物体以接近光速的速度运动，牛顿定律必须被修正。然而我们仍然认为牛顿定律是定律，因为对于日常世界的条件，即我们遭遇到的速度远低于光速时，至少在非常好的近似下它们是成立的。

如果自然由定律制约，就产生3个问题：

1. 定律的起源是什么？
2. 定律存在任何例外即奇迹吗？
3. 是否可能只存在一族定律？

科学家、哲学家和神学家以不同的方式讨论这些重要问题，对第一个问题，传统答案——也就是开普勒、伽利略、笛卡儿和牛顿的答案是——定律是上帝的杰作。然而，这只不过是将上帝定义为自然定律的化身。除非人们将其他某些属性赋予上帝，比如，上帝就是旧约中的上帝，利用上帝来回应第一个问题，只不过是用一个神秘来取代另一个神秘而已。这样，如果我们在回答第一个问题时涉及上帝，真正的要害将随着第二个问题而来：是否存在奇迹，也就是对于定律有例外吗？

关于第二个问题的答案，意见明显分歧。柏拉图和亚里士多德，这两位古希腊最有影响力的著作家认为，对于定律不存在例外。但如果人们采纳圣经的观点，那么上帝不仅创造定律，而且可应祷告者的祈求而制造例外——使致死的病症逆转，提前结束干旱，或者重新把棒球游戏恢复为奥林匹克项目。和笛卡儿观点截然相反，几乎所有的基督教思想家都坚持上帝一定能够暂时中止定律以完成奇迹。甚至牛顿也相信某类奇迹。因为一个行星对另一个行星的吸引会引起轨道的扰动，这种扰动会随时间而增大，而使行星要么坠入太阳，要么被甩出太阳系，所以他认为行星轨道是不稳定的。他相信上帝必须不停地重置这些轨道，或者"为天钟上弦"

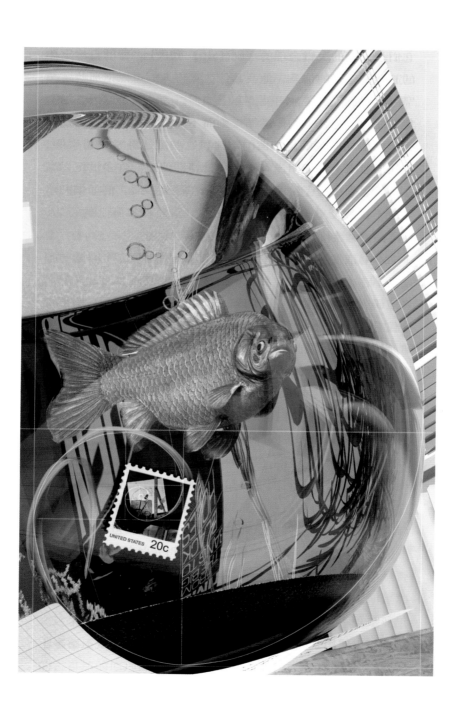

第三章

何为实在

写星体运动的模型，这是一个不同实在图像的著名例子。托勒密的研究发表在一部十三卷的专著中，这部专著通常以阿拉伯文题目《天文学大成》而众所周知。《天文学大成》的开宗明义就是解释为什么认为地球是一个球形的、静止的、位于宇宙中心，并与星空的距离相比是小到可以忽略。虽然阿里斯塔克曾提出过日心模型，但至少自亚里士多德时代开始，大多数有教养的希腊人都持有这些信仰。亚里士多德由于神秘的原因相信，地球应该位于宇宙的中心。在托勒密模型中，地球静止地位于中心，行星和恒星在非常复杂的轨道上围绕着它运行，这些轨道牵涉到周转圆，就像轮子上的轮子。

这个模型似乎是自然的，因为我们确实没觉得脚下的地球在运动（除了地震或者激情澎湃的时刻）。后来的欧洲学术乃基于传承下来的希腊之源，于是亚里士多德和托勒密的观念就成为多数西方思想的基础。天主教会采用托勒密的宇宙模型当做正式教义达14个世纪之久。直至1543年，哥白尼才在他的著作《天体运行论》中提出一个别样的模型。虽然他已花了几十年来研究此理论，该书在他逝世那年才得以出版。

像大约早17世纪的阿里斯塔克一样，哥白尼描写了一个世界，其中太阳处于静止，而行星以圆周轨道绕着它运转。尽管这个思想并不新，其复活却遭到激烈的抵制。哥白尼模型被认为和圣经相抵触，尽管圣经从未清楚地说明，但一向被解说成行星围绕着地球运动。事实上，在撰写圣经的时代，人们相信地球是平坦的。哥白尼模型引起关于地球是否静止不动的狂烈辩论。这场辩论于1633年因伽利略受到异端审判而达到高峰。他的罪名是提倡哥白尼模型并认为"在一种信念被宣布并确定为与圣经冲突之后，人们竟仍然可以把

托勒密宇宙
按照托勒密观点，我们生活在宇宙的中心。

它当做可能的信念予以坚持并捍卫"。他被裁决有罪，判为终身软禁，并被迫宣布放弃原先的信仰。据说他低声嘀咕道："可是它仍在运动。"1992年，罗马天主教廷终于承认谴责伽利略是错误的。

那么，托勒密系统和哥白尼系统，究竟哪个是真实的？尽管人们时常说哥白尼证明了托勒密是错的，但那不是真的。正如在我们的正常视像跟金鱼的视像相比较的情形，人们可以利用任一种图像作为宇宙的模型一样，对于我们天空之观测，既可从假定地球处于静止，也可从假定太阳处于静止得到解释。尽管哥白尼系统在有关我们宇宙本性的哲学辩论中作用很大，然而它的真正优势是在太阳处于静止的坐标系中运动方程要简单得多。

在科幻影片《黑客帝国》（Matrix）中发生了不同类型的另类实在。影片中的人类不知不觉地生活在由智慧电脑制造的模拟实在之中，过得平安而满意，电脑则吸吮着活人的生物电能（不管为何物）。这也许没那么牵强，因为许多人宁愿在网络的虚拟实在中消磨时日，像在网站"第二人生"中那样。我们何以得知，我们不仅仅是一部电脑制作的肥皂剧中的角色呢？如果我们生活在合成的虚拟世界中，事件就不必具有任何逻辑或一致性或服从任何定律。进行操控的外星人也许在看到我们反应时会觉得更有趣更开心，例如，如果满月分开两半，或者在这世界上每个节食的人显示对香蕉奶油饼的毫不节制的渴望。但是如果外星人实施一致的定律，我们就无法得知在这模拟的实在背后是否还有另一个实在。将外星人生活的世界称作"真的"，而把合成世界当做"假的"是很容易的事情。但是如果——正如我们这样——在模拟世界中的生物不能从外面注视到他们的宇宙之中，他们就没有理由怀疑他们自己的实在图像。这是我们都是他人梦中

幻影这一观念的现代版本。

从这些例子中，我们可得到对于本书非常重要的结论：**不存在与图像或理论无关的实在概念**。相反地，我们将要采用称为依赖模型的实在论观点：一个物理理论和世界图像是一个模型（通常具有数学性质）和一组将这个模型的元素与观测相连接的规则的思想。这提供了一个用以解释现代科学的框架。

自柏拉图以来，哲学家们长期争议实在的性质。经典科学是基于这样的信念：存在一个真实的外部世界，其性质是确定的，并与感知它们的观察者无关。根据经典科学，某些物体存在并拥有诸如速率和质量等物理性质，它们具有明确依赖模型的实在论使实在论和反实在论的思想流派之间所有这类争议和讨论变得毫无意义。按照依赖模型的实在论，去问一个模型是否真实是无意义的，只有是否与观测相符才有意义。如果存在两个都和观测相符的模型，正如金鱼的图像和我们的图像，那么人们不能讲这一个比另一个更真实。在所考虑的情形下，哪个更方便就用哪个。例如，如果一个人处于金鱼缸内，那么金鱼图像会是有用的。但若是身处鱼缸之外，倒用地球鱼缸的参考框架去描述远在星河之外的事件，就会非常笨拙，尤其是因为地球围绕太阳公转并围绕着自己的轴自转，而鱼缸在随着地球运动。

我们固然在科学中制造模型，然而我们在日常生活中也制造模型。依赖模型的实在论不仅适用于科学模型，还适用于我们所有人为了解释并理解日常世界而创造的有意识和下意识的心理模型。没办法将观察者——我们——从我们对世界的认识中排除，认识是通过感觉过程以及通过思维和推理方式产生的。我们的认识——因而我们的理论以之为基础的观测——不是直接的，而是由一种类似透镜之物——我们人脑的解释结构塑造的。

依赖模型的实在论符合我们感觉对象的方式。在视觉中，人的大脑从视觉神经接受一系列信号。那些信号并不构成你会从电视接受的那类图像。在视觉神经连接视网膜之处有一盲点，还有你的视场具有高分辨率的部分仅处于视网膜中心周围大约1度的狭窄视角，这个范围的角度和你伸出手臂时大拇指的宽度一样。而如此送入你大脑的未加工的数据就像是有个洞一样古怪的图像。幸运的是，人脑处理那个数据，将两只眼睛的输入结合在一起，假定邻近位置的视觉性质类似，再填满缝隙并应用插入技术。此外，大脑从视网膜读到二维的数据排列并由它创生三维空间的印象。换言之，

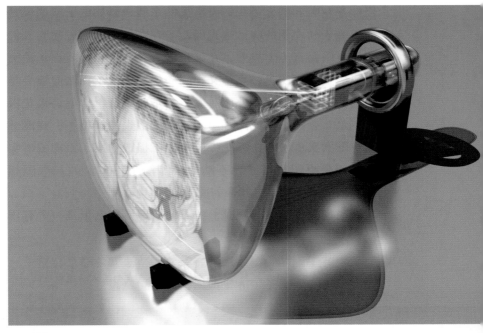

阴极射线
我们看不见单独的电子，然而我们能看到它们产生的效应。

大脑建立心理图像或模型。

　　在建立模型方面，大脑是如此称职，如果人们配上一种上下颠倒其眼中之像的眼镜，他们的大脑在一段时间后就会改变模型，使之重新看到处于正确方向的东西。如果之后摘下眼镜，在一段时间内，他们看到的世界是上下颠倒的，然后会再次适应。这表明，当一个人说"我看到一把椅子"时，他的意思仅仅是他利用椅子散射来的光建立一个椅子的心理图像或模型。如果模型上下颠倒，在他坐到椅子上去之前，幸运的是，他的脑子会改正那个模型。

　　依赖模型的实在论解决或至少避免的另一个问题是存在的意义。如果我走出房间而看不见桌子，我何以得知那桌子不用夸克描述之，这是完全可能的。尽管如此，根据依赖模型的实在论，夸克乃存在于一个和我们对亚核子粒子如何行为的观察相一致的模型中。

依赖模型的实在论能够为讨论诸如下述之类的问题提供框架：如果世界是在有限的过去创生的，那么在那之前发生了什么？一位早期的基督教哲学家圣·奥古斯丁（354~430年）说，其答案不是上帝正为问此类问题的人们准备地狱，而是时间乃是上帝创造的世界的一个性质，时间在创生之前不存在，他还相信创生发生于过去不那么久的时刻。这是一个可能的模型。尽管在世界上存在化石和其他证据使之显得古老得多，（它们被放在那里是用来愚弄我们的吗？）那些坚持创世记中的叙述确实为真的人很喜欢这个模型。不过，人们还能拥有一个不同的模型，在这模型中时间回溯137亿年到达大爆炸。那个模型解释了包括历史和地学的证据在内的大部分现代观测，它就是我们拥有的对过去的最好描绘。第二种模型能解释化石和放射性记录，以及我们接受来自距离我们几百万光年的星系的光这一事实。因此，这个模型——大爆炸理论——比第一个更有用。尽管如此，没有一个模型可以说比另一个更真实。

有些人支持时间能回到甚至比大爆炸还早的模型。目前还不清楚其中时间回溯到比大爆炸还早的模型是否能更好地解释现代的观测，因为宇宙演化的定律似乎在大爆炸处崩溃。如果是这样，那么去创造一个包含早于大爆炸的时间的模型就没有意义，因为那时存在的东西对于现在没有可观测的后果，如此我们不妨坚持大爆炸即是世界的创生这一观念。

一个模型是个好模型，如果：

1. 它是优雅的，

2. 它包含很少任意或者可调整的元素，

3. 它和全部已有的观测一致并能解释之，

4. 它对将来的观测做详细的预言，如果这些预言不成立，观测就能证伪这个模型。

例如，在亚里士多德的理论中，世界由土、气、火和水4种元素构成，而且物体是为了满足自己的目的而行为。这个理论是优雅的，并不包含可调节的元素。但在许多情形下，它并未做出确定的预言，而当它预言时，又并不总与观测相一致。这些预言中的一个是，因为物体的目的是下落，因此较重的物体应下落得较快。在伽利略之前似乎没人想到过去验证这个预言。传说他从比萨斜塔上释放重物来检验它。这故事可能是伪造的，但我们知道，他确曾把不同的重物从一斜面上滚下，并且观察到它们都以同样速率获得速度，这与亚里士多德的预言相矛盾。

上面的标准显然是主观的。例如，优雅就不是容易测量的某种东西，但科学家们非常重视它，因为自然定律就是意味着把许多特殊情况经济地压缩成一个简单公式。优雅是指理论的形式，但它与可调整元素的阙如紧密相关，因为，一个充满了修修补补因素的理论不很优雅。套用爱因斯坦的话说，一个理论应该尽可能简单，但不能更简单了。托勒密把周转圆加到周转圆上，或者甚至在其上再加周转圆。虽然增加的复杂性可使模型更精确，可科学家不满意一个被扭曲去迎合特有的一组观测的模型；他们倾向于把它看成数据表，而非一个可能体现任何有用原理的理论。

在第五章中，我们将要看到，许多人认为描写基本粒子相互作用的"标准模型"不算优雅。那个模型比托勒密的周转圆成功得多。它在几个新粒子被观测到之前就预言其存在了，并于几十年间以巨大的精确性描述了极多实验的结果。但它包含了几十个可调节的参数，其数值必须为了配合观测而确定，而不是由理论本身所确定的。

关于第四点，当新的令人震惊的预言被证明正确时，总是给科学家留下深刻印象。另一方面，当一个模型发现做不到这一点时，一种普遍反应是说实验错了。如果证明不是那种情形，人们经常仍然不抛弃这个模型，而试图通过修正来挽救它。尽管物理学家执著地努力拯救他们所赞美的理论，但随着改动变得做作而且繁琐，理论因此而变得"不优雅"时，人们修正理论的热情也就消退了。

如果容纳新的观测所需的修正过分雕琢，这就标志着需要新模型了。稳态宇宙的观念是老模型迫于新观测而撤退的一个例子。1920年代，多数科学家相信宇宙是静止的，或者

折射

牛顿的光模型能解释为什么光从一种介质进入另一种介质时弯折，但它却不能解释我们现在称为牛顿环的另一种现象。

在尺度上不变。后来埃德温·哈勃于1929年发表了他的观测，显示宇宙正在膨胀。哈勃观察到由星系发射出的光，但并未直接观察到宇宙在膨胀。那些光携带特征记号，或曰基于每个星系成分的光谱。如果星系相对于我们运动，光谱就会发生一定量的改变。因此，哈勃由分析远处星系的光谱便能够确定它们的速度。他原先预料会发现离开我们运动的星系数目与趋近我们运动的星系一样多。相反地，他发现几乎所有的星系都在作离开我们的运动，而且处在越远的地方，它们就运动得越快。哈勃得出结论，宇宙正在膨胀。但其他人坚持早先的模型，试图在稳态宇宙的框架中解释他的观测。例如，加州理工学院的物理学家弗里茨·兹威基提出，也许由于某些还未知的原因，当光线穿越巨大距离时慢慢地损失能量。兹威基提出了一个能量损失对应于一种光谱的改变，它能够模拟哈勃的观测。在哈勃之后的几十年间，许多科学家继续坚持稳态理论，但最自然的模型还是哈勃的膨胀宇宙模型，而今它已经被接受了。

在探寻制约宇宙的定律之际，我们表述了许多理论或模型，诸如四元素理论、托勒密模型、热素理论和大爆炸模型等。我们的实在概念和宇宙基本成分的概念伴随着每个理论或模型而改变。比如，想想光的理论。牛顿认为光是由小粒子或微粒构成。这就解释了为什么光会沿直线行进，而且牛顿利用它来解释当光从一个媒质进入另一个媒质，比如从空气进入玻璃或者从空气进入水时，它为什么弯折或折射。

然而，微粒论不能解释牛顿自己观察到的称作牛顿环的现象。把一个透镜置于一面平坦的反射板上，并用单色光诸如钠光对其照射。从上往下看，人们将看到一系列明暗相间的圆环，它们以透镜和表面接触点为圆心。用光的粒子论来解释这个现象很困难，但在波动论中就能得到解释。根据光

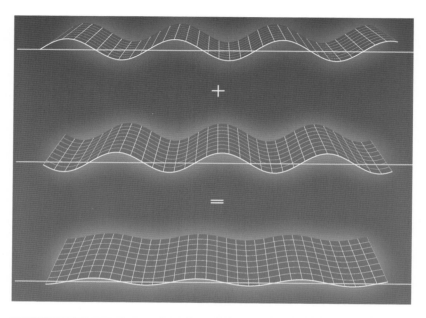

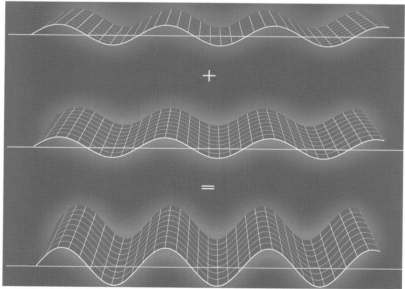

干涉

正像人一样，在波相遇时它们会倾向于要么相互加强，要么相互削弱。

池水干涉
干涉概念在日常生活中出现，在从水池到海洋的水体中。

的波动论，那被称作干涉的现象导致亮环和暗环。一个波，比如水波，是由一系列波峰和波谷组成的。当波碰撞时，如果那些波峰和波谷刚好分别一致，它们就互相加强，获得更大的波。这称为相长干涉。在这种情形下，波被称为处于"同相"。在另一种极端，当波相遇时，一个波的波峰可能刚好与另一个波的波谷重合。在那种情形下，波相互对消，被称为处于"反相"。这种情形称为相消干涉。

在牛顿环中，亮环位于离开中心一段距离之处，在这些位置，透镜与反射板相分离的程度，使得从透镜反射的光波与从反射板反射的光波错开波长的整数（1，2，3，…）倍，

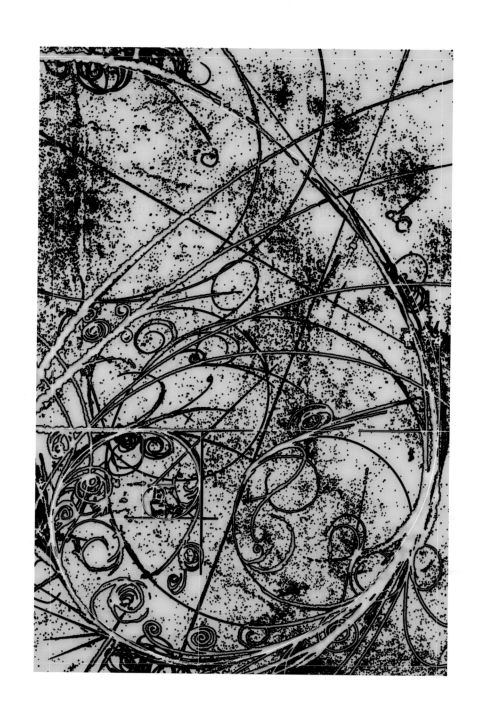

第四章

可择历史

1999 年，一队物理学家在奥地利向一个障碍发射了一串足球状的分子。那些每个由 60 个碳原子组成的分子有时被称作巴基球，因为建筑学家巴克明斯特·富勒建造过那种

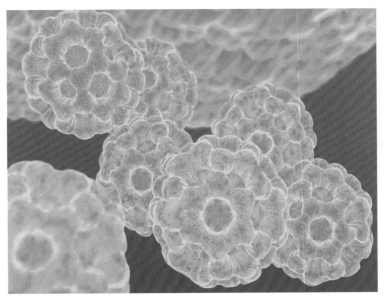

巴基球
巴基球像碳原子做的微观足球。

形状的建筑物。富勒的短程线圆顶结构也许是目前世界上最大的足球状物体，而巴基球则是最小的。科学家瞄准的障碍墙实际上具有两道巴基球能通过的窄缝。在墙后面，物理学家放置一个相当于屏幕的东西以检验和计数出现的分子。

　　如果我们用真的足球做一个类似的实验，我们就需要一位准头平平的球手，却能要多快有多快地连发猛射。我们让这个球手位于有两条窄缝的墙之前。在墙的另一面，平行地放张长网。球手射出的球多数都打到墙上被弹回，如果缝隙只比足球稍宽些，在墙的另一面会出现两束高度平行的足球的流注。而如果缝隙再宽些，每一束流注就会以扇形展开一些，如下图所示。

双缝足球
一名足球射手把球踢到一堵墙的缝上，会产生一个明显的条纹。

　　请注意，如果我们关闭一道缝隙，与其相应的足球的流注就不再通过，但这对另一束流注没有影响。如果我们重开第二道缝隙，那只会增加落到另一面的任何给定点的球的数目，因为那时我们就会得到通过一直开着的缝隙的球再加上从新开的缝隙来的其他球。换言之，在两道缝隙都打开时，我们观察到的是我们在墙上的每道缝隙分别打开时观察到的总和。这是我们在日常生活中习以为常的现实。但这不是奥地利研究者在射出他们的分子时发现的情形。

　　在奥地利实验中，打开第二道缝隙，在屏幕上一些点处到达的分子数目的确增加了——但在他处这个数目减少了，正如下图所示。事实上，当两道缝隙都打开时存在一些巴基

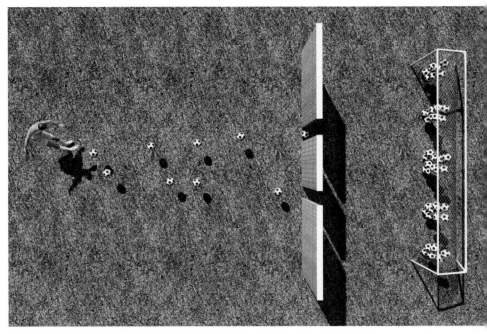

巴基球足球
当分子足球被射到屏幕的缝隙上，产生的条纹反映了陌生的量子定律。

球根本达不到的地方，而就在这些地方，当两道缝隙中只有任何一道打开时球确实到达。这似乎非常古怪。打开第二道缝隙何以使到达某些点的分子变得更少呢？

我们可由审视细节获得答案的线索。在这个实验中，许多分子足球打到——如果球分别通过这道缝隙或那道缝隙——你预料它们击中之处的中点。非常少的分子到达偏离中点稍远处，但是在离那个中心更远处，你又会观测到有分子到达。这种模式不是每个缝隙分别打开时形成的模式之和，但是你可以认出：它正像第三章里所描述的干涉波的特征条纹。没有分子到达的地方对应于从两缝发射来的波到达时的反相，并产生相消干涉；而许多分子到达的地方对应于波到达时的同相，并产生相长干涉。

在科学思想的最初 2000 年许，理论解释是基于通常的经验和直觉之上。随着我们改善技术并扩展可能观测的现象范围，我们开始发现自然行为的方式和我们的日常经验，也因此和我们的直觉越来越不一致，正如巴基球实验所显示的那样。那个实验是经典科学涵盖不了的，而只能归于所谓量子物理所描述的那一类典型现象。事实上，理查德·费恩曼写道：我们刚才描述的那个双缝实验"包含了量子力学的所有秘密"。

在发现牛顿理论不足以描述在原子或亚原子水平上的自然之后，20 世纪前期发展了量子物理的原理。物理的基本理论描述自然力和物体对这些力如何反应。比如，牛顿的经典理论是在反映日常经验的框架的基础上建立的。物体在其中具有单一的存在，能位于一个确定的位置，遵循确定的路径等。量子物理为理解自然如何在原子和亚原子尺度下的运行提供框架，但正如我们将更仔细看到的，它要求完全不同的概念范型，在那里物体的位置、路径甚至其过去和未来都不能被精密确定。诸如引力或者电磁力等各种自然力的量子理论就是在那个框架中建立的。

　　基于和日常经验如此陌生的框架之上建立的理论还能解释被经典物理学如此精确地模拟的寻常经验吗？它们能，因为我们以及我们周围的一切都是复合结构，是由多到不能想象的原子组成的，原子的数量比在可观察宇宙中的星辰还要多。而尽管其组成部分的原子服从量子物理原理，人们可以证明，形成足球、大萝卜和大型喷气飞机——以及我们——的大量原子集合确能避免通过缝隙时绕射。这样，虽然日常物体的组成部分服从量子物理，牛顿定律还是形成一个有效理论，它非常精确地描述形成我们日常世界的复合结构如何行为。

　　这听起来似乎很奇怪，但是在科学中有许多情形，大群体以与它个别成分的行为不同的方式行为。单个神经元的反应几乎不能成为人脑反应的前兆，有关水分子的知识也未能告诉你多少关于湖泊变化的信息。在量子物理的情况中，物理学家仍在努力捉摸牛顿定律如何从量子世界浮现出来的那些细节。我们所知道的是，所有物体的部分服从量子物理定律，而牛顿定律则以很好的近似描述着由那些量子成分构成的宏观物体的行为方式。

　　因此，牛顿理论的预言和我们大家在经历周围世界时发展的实在性观点相符合。但是单个原子和分子以一种和我们日常经验根本不同的方式行为。量子物理是一种新的实在模型，它为我们提供了宇宙的图像。这是一种这样的图像，许多对我们直观理解实在来说至关重要的概念在其中都不再具有意义。

　　1927 年，贝尔实验室的实验物理学家克林顿·达维孙和勒斯特·泽默首次实施了电子双缝实验，他们是在研究一束电子——比巴基球简单得多的物体——如何与镍晶体相互作用。如电子那样的物质粒子像水波那样行为的实验事实，让人憬然醒悟，从而启示了量子物理。由于在宏观尺度下观察不到这类行为，长期以来，科学家对刚好仍能显示这种类波性质的某物可以多大、多复杂感到好奇。如果可以利用人或者河马来演示这个效应，那一定会引起轰动，但正如我们说过的，物体越大则量子效应就越微弱，越不明显。因此，任何动物园的动物都不太可能以类波形式通过它们笼子的栅栏。尽管如此，实验物理学家仍观察到了不断增大尺度的粒子的波动现象。科学家希望有朝一日使用病毒重做巴基球实验，病毒不仅大得多，还被某些人认为是具有生命的东西。

为了理解我们后面几章要作的论证，只需要言及量子物理的一些方面。关键特点之一是波 / 粒二重性。物质粒子像波那样行为曾使所有人惊讶，而光像波那样行为就不再引起

杨实验
从光的波动论看，巴基球条纹并不陌生。

任何人惊讶。光的类波行为对我们似乎是自然的，并且在几乎两个世纪的时间里被认为是接受了的事实。如果你在上面的实验中将一束光照在两道缝隙上，两个波会出现并在屏幕上相遇。它们的波峰和波谷分别在某些点上重合并形成亮斑；在另外一些点上一束波的波峰会和另一束的波谷相遇，把它们对消，而留下暗的区域。英国物理学家托马斯·杨在19世纪早期进行了这个实验，使人们信服光是波，而非如牛顿曾经相信的，由粒子构成。

　　尽管人们也许会得出结论说，牛顿说光不是一个波时他是错了，但当他说光能以仿佛它是由粒子组成的那样行为时，他是正确的。我们今天将它们称为光子。正如我们是由大量的原子构成，在日常生活中我们看到的光在这个意义上是复合的，即它是由大量的光子构成——甚至1瓦的夜灯每秒就发射出一百亿亿个光子。单个光子通常是不明显的，但是我们能在实验室产生这么微弱的一束光，它由一串单个的光子组成，我们可以把它当做单个光子来进行检测，正如我们检测单个电子或巴基球那样。而且我们可以利用一束足够稀疏的光来重复杨实验，使得一次只有一个光子到达障碍，在每次到达之间相隔几秒钟。如果我们这么做，然后将所有记录在障碍另一方屏幕上的个别的撞击都加起来，我们就会发现它们一起累积成干涉条纹，这个条纹与我们进行达维孙－泽默实验但用电子（或巴基球）一次射一个到屏幕上所累积的条纹一样。对于物理学家，这是一个令人惊讶的启示：如果单个粒子与其自身相干涉，那么光的波动性质就不仅是一束或一大群光子的性质，而是单个粒子的性质。

　　量子物理的另一主要信条是由威纳·海森伯在1926年表述的不确定性原理。不确定性原理告诉我们，有一些成对的物理数据，比如一个粒子的位置和速度，我们是没有能力同仍然能够检测量子理论。例如，我们能够多次重复一个实验，并且证实不同结果的频率符合预言的概率。想想巴基球实验。量子物理告诉我们，任何东西都不能位于一个确定的点，否则的话，动量的不确定性就会是无限的。事实上，根据量子物理，在宇宙中任何地方都有找到任何粒子的某个概率。这样即便在双缝装置中找到一给定电子的机会非常高，但在半人马座 α 星，或在你办公室自助餐厅的肉馅土豆饼中，总会有些机会能找到它。由此，如果你把一个量子巴基球踢飞，不管你有多大技巧和知识，都不允许你预先说它将准确地落在何处。但如果你多次重复该实验，你获得的资料就反映出在不同地方找到球的概率，而实验者已经证实这种实验结果和理论预言相一致。

量子物理的概率不像牛顿物理或日常生活中的概率，懂得这一点很重要。将恒定地打到屏幕上的巴基球流注累积的模式与运动员瞄准圆靶上靶心射击累积起的弹孔模式作一比较，可以对此有所理解。除非运动员喝了太多的啤酒，飞镖击中中心附近的机会最大，离中心渐远，概率就减小下来。与用巴基球一样，任何给定的飞镖可到达任何地方，而过一段时间就会出现反映潜伏概率的弹孔的模式。我们在日常生活中可将这情形表达为，一个飞镖具有打到不同点的某一概率；但跟巴基球的情况不同，如果我们那么说，那只是因为我们对其投射条件的知识不完整。如果我们精确地知道运动员投镖的方式，其角度、自旋和速度等，我们就能更好地作出描述。那么，在原则上，我们就能够要多准确就有多准确地预言中镖之处。因此，在日常生活中，我们利用概率的说法来描述事件的结果，非关过程的内禀性质，而只是我们对它的一定方面无知的反映。

量子理论中的概率迥然不同。它们反映了自然中的基本随机性。自然的量子模型包含有不仅与我们日常经验也和我们实在性的直觉概念相矛盾的原理。发现那些原理奇异并难以置信的人不乏知音，包括爱因斯坦甚至费恩曼这样伟大的物理学家，我们很快就要介绍后者对量子论的描述。事实上，费恩曼有一次写道："我以为我可以有把握地说，没人能理解量子力学。"但是量子物理和观测相符合。它受到的检验比科学中的任何其他理论都多，但从未失败过。

1940 年代，理查德·费恩曼令人惊讶地洞察出量子世界和牛顿世界之间的差别。费恩曼对干涉条纹如何在双缝实验中产生的问题极为好奇。回忆当我们在双缝都打开发射分子时，发现的条纹不是我们做两次实验，一次只让一道缝隙打开，另一次只让另一道缝隙打开，所发现的条纹之和。相反地，当双缝都打开时，我们看到一系列亮暗相间的条纹，后者是没有粒子打到的区域。那意味着，如果比如讲只有缝隙一打开时，粒子就会打到黑条纹的地方，而当缝隙二也打开时，就不打到那里去。看来仿佛是粒子在从源到屏幕的旅途中的某处得到了两道缝隙的消息。这类行为和在日常生活中事物显示的行为方式彻底不同，在日常生活中一个球穿过一道缝隙的路径不受另一道缝隙情形的影响。

根据牛顿物理——如果我不用分子而用足球实验运行的方式——每个粒子都独自遵循着一条明确定义的路径从源达到屏幕。在这个图像中就没有粒子在途中迂回访问每道缝隙邻近的余地。然而，量子模型却说，粒子在它处于始终两点之间的时刻没有明确的位置。费恩曼意识到，人们不必将其解释为这意味着此粒子在源和屏幕之间旅行时**没有**路径。相反，这可能意味着粒子采取连接那两点的**每一条**可能的路径。费恩曼断言，这就是使量子物理有别于牛顿物理的缘由。在两个缝隙的情形是要紧的，因为粒子不仅不遵循单一的明确的路径，它取每一条路径，并且**同时**取这些路径。这听起来像是科学幻想小说，但它不是。费恩曼构想出一个数学表述——费恩曼历史求和——这个表述反映了这一思想，并重现了量子物理的所有定律。数学和物理图像在费恩曼理论中和在量子物理的原先表述中不同，但预言相同。

费恩曼观念在双缝实验中意味着，粒子采取只通过一道缝隙或只通过另一道缝隙的路径；还有穿过第一道缝隙，又穿过第二道缝隙返回来，然后再穿过第一道的路径；访问卖咖喱大虾的饭馆，然后在回来之前，围绕木星转几圈的路径；甚至穿越宇宙再返回的路径。按照费恩曼的观点，这就解释了粒子如何得到关于哪道缝隙开放的信息——如果一道缝隙开放，粒子取穿过它的路径。当两道缝隙都开放时，粒子穿越一道缝隙的路径会和穿越另一道缝隙的路径发生影响，引起干涉。这听起来古怪，但就今日大多数基础物理的目的——以及本书的目的——而言，费恩曼表述已经证明比原先的表述更有用。

费恩曼有关量子实在性的观点对于理解我们即将表述的理论至为关键，因而值得花费一些时间去了解它如何运作。想象一个简单的过程，一个粒子在某一位置 A 开始自由运动。在牛顿模型中那个粒子将会沿一直线运动。在以后的某个确切时刻，我们将会发现该粒子位于直线上某一确切的位置 B。在费恩曼模型中，一个量子粒子体验每一条连接 A 和 B 的路径，从每个路径获得一个称为相位的数。相位代表在一个波的循环中的位置，也就是该波在波峰或波谷，或者在它们之间某个确切位置。费恩曼计算那个相位的数学方法显示，当你把从所有的路径的波叠加在一起时，你得到粒子从 A 开始到达 B 的"概率幅度"。而概率幅度的平方给出粒子到达 B 的正确概率。

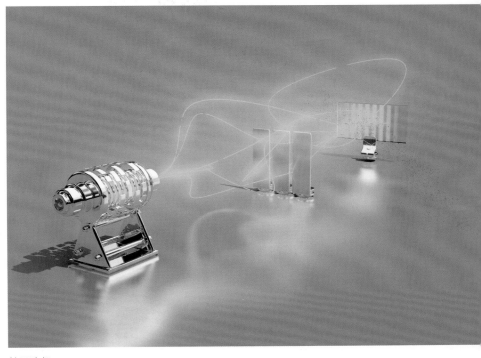

粒子路径

费恩曼的量子论表述提供了一个图像，为何诸如巴基球和电子等粒子在它们被射出穿过屏幕的缝时形成干涉条纹。

　　每条对费恩曼求和（也因此对从 A 走到 B 的概率）有贡献的个别路径的相，可被设想成具有固定长度但可以指向任何方向的箭头。把两个相位相加，你把代表一个相位的箭头放在代表另一个的箭头的末端，得到的新箭头表示为和。要加上更多相位，你就简单重复这个过程。请注意，当相位排列成行，代表总和的箭头可以非常长。但是如果它们指向不同方向，当你将它们相加时，它们多半抵消，给你余下的箭头没有多长。这个思想图示于下图中。

　　要用费恩曼方法来计算一个始于位置 A 终于位置 B 的粒

费恩曼路径求和

由不同的费恩曼路径引起的效应可像波那样相互加强或相互减弱。黄箭头代表相加的相位。蓝线代表它们的和,是一根从第一个箭头的尾到最后一个箭头的点连成的直线。在图中下图中的箭头指在不同方向上,因此它们之和,蓝线非常短。

子的概率幅度,你得把连接 A 和 B 的每一路径的相关相位或箭头加起来。存在无限多的路径,这使得数学计算有些复杂,但可以进行。上图画出一些路径。

　　费恩曼理论给出一个特别清楚的图像,显示如何从量子物理产生一个牛顿世界的图像,尽管前者似乎非常不同。根据费恩曼理论,与每一路径相关的相位依赖于普朗克常数。理论指出,因为普朗克常数如此之小,当你把相互靠近的路径作出的贡献相加时,其相位通常剧烈地变化,这样,正如上图所示，它们多半相加为零。但是理论还指出，存在某些路径，它们的相位具有排列成行的倾向，这样，这些路径是有利的；也就是说，它们对于粒子的被观察行为做出较大贡献。结果是，对于大物体而言，非常类似于牛顿理论预言的路径一定具有相似的相位，而叠加起来对求和给出了最大的

从 A 到 B 的路径
两点之间的"经典"路径是一直线，接近经典路径的相位倾向于相互加强，而离开它较远的路径的相位倾向于相互抵消。

贡献。这样仅有的具有有效的大于零的概率的终点正是牛顿理论预言的那个，而该终点的概率非常接近于 1。因此大物体恰如牛顿预言的那样运动。

迄今为止我们讨论了在双缝实验背景下的费恩曼观念。在该实验中粒子被射向带有缝隙的墙，我们在置于墙后的屏幕上测量粒子结束行程的位置。更一般地说，费恩曼理论允许我们预言的不仅仅是一个单独粒子，而且是一个"系统"

的可能结果，该系统可以是一个粒子，一组粒子，甚或整个宇宙。在系统的初始态和后来我们对其性质的测量之间，那些性质以某种方式演化，物理学家将其称为该系统的历史。例如，在双缝实验中，粒子的历史就是它的路径。正如对于双缝实验，观察粒子到达任何给定的点的机会依赖于能把它弄到那里的所有路径。费恩曼指出，对于一个一般系统，任何观察的概率由所有可能将其导致那个视察的历史构成。正因为如此，他的方法被称作量子物理"历史求和"或者"可择历史"表述。

既然我们对费恩曼的量子物理方法已经有了点感觉，现在该来研究我们将来要用到的另一关键的量子原理——观测系统必然改变其过程的原理。我们难道不能小心地看着而不去干预吗，正如我们当导师在她的下颌上有点芥末时那么做的？不能。根据量子物理，你不能"只"观察某物。也就是说，量子物理承认，进行一次观测，你必须和你正观测的对象相互作用。例如，在传统意义上去看一个物体，我们就把光照在它上面。把光照在南瓜上当然对它只有微小的效应。但是哪怕将一道微弱的光照射到极小的量子粒子——即把光子打到它上面——也会有可觉察的效应，而且实际表明它正好以量子物理描述的方式改变实验结果。

正如以前那样，假定我们在双缝实验中向障碍发出一束粒子，并且在首批百万个粒子通过时收集数据。我们画出粒子到达不同的检测点的数目时，这数据会形成在第 55 页画出的干涉条纹，而且当我们将从粒子的出发点 A 到其检测点 B 的所有可能路径所涉及的相叠加起来，我们会发现我们计算的在不同点到达的概率和那个数据一致。

现在假定我们重复实验，这回把光照到缝隙上，这样我们知道粒子通过的居间的点 C（C 是两缝隙中的任一道的位置）。这叫做"哪条路径"信息，因为它告诉我们每个粒子是从 A 通过缝隙一到达 B 呢，还是从 A 通过缝隙二到达 B。由于我们现在知道每个粒子通过哪条缝隙，在我们为该粒子求和中的路径现在只包含那些或通过缝隙一的途径，或通过缝隙二的途径。它将永不同时把通过缝隙一的路径和通过缝隙二的途径包括进去。因为费恩曼是这样解释干涉条纹的，他说通过一条缝隙的路径与通过另一条的路径相干涉，因此如果你开灯确定粒子通过哪条缝隙，由此消除了其他的选择自由，你就会使干涉条纹消失。的确，当实验在进行时，开灯使结果从第 55 页上的干涉条纹变成像第 54 页上的条纹！此外，我们能够利用非常弱的光去变更实验，使得并非所有粒子都和光相互作用。在那种情形下，我们只对粒子的某一子集得到其走哪条路径的信息。那么，如果我们根据是否得到哪条路径信息而把粒子到达的数据分开，我们发现，我们对之没有哪条路径信息的子集，其数据将形成干涉条纹，而我们对之拥有哪条路径信息的子集，其数据将不显示干涉。

这个观念对我们"过去"的概念有重要的含义。在牛顿理论中，过去被假定是作为确定的事件系列而存在。如果你看到去年在意大利买的花瓶摔碎在地上，而你的学步小童羞怯地站立于旁，你可回溯导致灾祸的事件：小小指头松开，花瓶落下并撞在地上粉碎成千百片。事实上，给定关于此刻的完全数据，牛顿定律允许人们计算出过去的完整图像。这和我们的直观理解是一致的，不管痛苦还是快乐，世界都有一确定的过去。也许从未有人看到过，但是过去存在之确实，犹如你为它拍了一系列快照。然而，不能说量子巴基球从源到屏幕飞过了确定的路径。我们可以因观测巴基球而确定它的位置，但在我们观测的空档，它飞过所有的路径。量子物理告诉我们，不管我们现在多么彻底地进行观测，（不被观测的）过去，正如将来一样是不确定的，只能作为一带可能性谱系而存在。根据量子物理，宇宙并没有一个单一的过去或者历史。

过去没有确定的形状，这一事实意味着你现在对一个系统进行的观测影响它的过去。物理学家约翰·惠勒想出一种称作延迟选择的实验，该实验相当出人意外地使上面的观点引起注意。概括地讲，延迟选择实验就像我们刚刚描述的双缝实验，只不过在那里你有观测粒子走过的路径的选择自由，而在延迟选择实验中，你一直推迟到粒子打到检测屏幕前的那一瞬间再决定是否去观测。

延迟选择实验得到的结果，和当我们由看缝隙本身选择去注意（或不注意）哪条路径信息而得到的结果一样。但是在这个情形下，每个粒子采取的路径——即它的过去——是在它通过缝隙之后很久才确定的，大概粒子在此前就应"决定"，它是否只穿过一道缝隙不产生干涉，或者穿过两道缝隙产生干涉。

惠勒甚至考虑该实验的一个宇宙学版本，涉及的粒子是从几十亿光年外的强大的类星体发射出来的光子。处于类星体和地球之间的星系的引力透镜效应可把这种光分成两条光路并朝地球重新聚焦。尽管当代技术做不了这个实验，如果我们能从这光中收集到足够的光子，它们应能形成干涉条纹。但如果我们在检测之前不久用一个装置去测量哪条路径信息，那个条纹就应消失。在这种情形下，走一条或双条路径的选择应在几十亿年前，也即在地球甚至我们的太阳形成之前，就应该已经被做出了，然而我们在实验室的观测却可以影响那个选择。

在本章中，我们利用双缝实验阐述了量子原理。以下，我们会将量子力学的费恩曼表述应用到宇宙整体。我们将会看到，宇宙正如粒子一样，并没有一单个历史，而是具有每一可能的历史，每个历史都具有自身的概率；而且我们对其现状的观测会影响它的过去并确定宇宙的不同历史，正如同在双缝实验中观察粒子会影响到粒子的过去。这个分析将指出，我们宇宙中的自然定律如何由大爆炸呈现。但是，在我们考察定律如何呈现之前，我们将稍稍涉及那些定律是什么，以及它们引出的某些奥秘。

宇宙最不可理解之处是它是可理解的。

——阿尔伯特·爱因斯坦

因为宇宙由科学定律制约，也就是说，它的行为是可以被做成模型，所以说是可理解的。但是，这些定律或者模型是什么呢？引力是用数学语言描述的第一种力。牛顿的引力定律发表于 1687 年，它指出宇宙中的每个物体都吸引任何其他物体，其吸引力和它的质量成正比。因为它首次展示了，至少宇宙的一个方面可被精确地做成模型，而且它还为此建立了数学体系，所以给那个时代的智慧生活留下深刻的印记。存在自然定律的观念提出了和大约 50 年前伽利略被裁决为异端类似的问题。例如，旧约里的故事说，约书亚祈祷上帝让日月止步，使之有额外长的白昼，让他得以在迦南结束对亚摩利人的战争。根据约书亚记，太阳静止不动了大约一天。我们今天知道，那就意味着地球停止转动。如果地球停下，那么根据牛顿定律，任何未被束缚的东西都会以地球原先的速度（在赤道处是每小时 1100 英里）保持运动——为了延迟日落要付出很高代价。牛顿本人对此毫不在乎，正如我们说过的，牛顿相信上帝能够并确实干涉宇宙的运作。

电力和磁力是其定律或模型被发现的宇宙的第二个方面。

因此它是现代物理，也是科幻小说的一个重要概念。

几十年间，我们对电磁学的理解停滞不前，总共不过是一些经验定律的知识：电和磁紧密但神秘相关的暗示；它们和光有某种联系的见解；以及场的萌芽概念。至少存在 11 种电磁理论，每一种都有瑕疵。然后，在 1860 年代的几年间，苏格兰物理学家詹姆斯·克拉克·麦克斯韦将法拉第思想发展成一个数学框架，解释了电、磁和光之间的本质的神秘关系。其结果是一组方程，它们把电力和磁力都描述成同一物理实体即电磁场的表现。此外，他还证明了，电磁场能够作为波通过空间传播。波速是由出现在他方程中的一个数制约的，他从早几年测量过的实验数据计算出这个数。令他惊异的是，计算出的速度等于光速，那时已知的光速在实验上精确到 1%。他发现了光本身就是一种电磁波！

今天描述电磁场的方程被称作麦克斯韦方程。很少有人听说过它们，但它们也许是我们知道的在商业上最重要的方程。它们不仅制约从家电到电脑的一切运行，还描述除了光之外的波，诸如微波、射电波、红外光和 X 射线。所有这些和可见光只在一个方面有差别——它们的波长。射电波的波长为 1 米或更长，可见光波长为千万分之几米，而 X 射线的波长比亿分之一米还短。我们的太阳在所有波长上都辐射，但是其辐射强度在我们可见的波长上最大。我们用肉眼能看到的波长是太阳最强烈辐射的那些，这也许不是碰巧：很可能正是因为这恰好是肉眼获得最大的辐射范围，所以我们的肉眼演化成具有检测该辐射范围的能力。如果我们遇到其他行星来的生物，他们也许能"看"到在他们自己的太阳最强烈发射的无论什么波长上的辐射，这种辐射受到在他们行星大气中诸如灰尘和气体的遮光特性的因素的调制。这样，在 X 射线存在下演化的外星人从事机场安检可以非常称职。

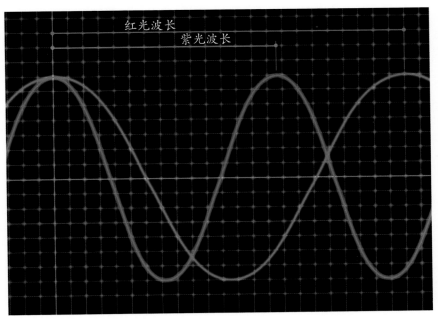

波长
微波、射电波、红外光、X射线——以及不同颜色的光——只是在波长上不同。

麦克斯韦方程要求电磁波以大约每秒30万千米或者约每小时6.7亿英里的速度行进。但是除非你能指明一个参照系，相对于这个参照系来测量这个速度，否则引述一个速度没有任何意义。这不是你在平时通常需要考虑的问题。当速度限制标志写着每小时60英里时，那是指你的速度是相对于路，而不是相对于银河系中心的黑洞来测量的。然而，即便在日常生活中也存在你要考虑参照系的场合。例如，如果你手持一杯茶在飞行中的喷气式飞机过道走动，你会说你的速度是每小时2英里。然而地面上的某人会说，你正在以每小时572英里的速度运动。为了避免你以为那些观察者中的一位或另一位更有权拥有真理，记住因为地球围绕着太阳公转，而某位从那个天体表面看着你的人会和你们两位的意见都不一致，并且说你大约以每秒 18 英里的速度运动，更不用说嫉妒你的空调了。根据这种分歧，当麦克斯韦宣布发现从他的方程涌现出"光速"时，就自然地产生了问题：麦克斯韦方程中的光速是相对于什么而测量的？

没有理由相信麦克斯韦方程中的速度参数是相对于地球测量的速度。他的方程毕竟适用于整个宇宙。有一时期被考虑到的另外一种答案是，他的方程指明的光速是相对于一个之前未被检测出来的穿透整个空间的媒质。这个媒质被称为传光的以太，或者简单地就称为以太。这是亚里士多德相信充满地球之外的整个宇宙的物质，而为它取的术语。电磁波通过其中传播的媒质可能就是这种假定的以太，正如声音通过空气传播一样。如果以太存在的话，就有一个静止（那就是相对于以太静止）的绝对标准，并因此也存在一个定义运动的绝对方式。以太就会为整个宇宙提供一个优越的参照系，相对于它可测量任何物体的速度。这一来就从理论的依据假定了以太的存在，并使一些科学家去寻找一种研究它的方法，或者至少去确认其存在。其中的一位科学家便是麦克斯韦本人。

如果你朝着声波穿越空气疾走，波就较快地向你接近，而如果你疾走离开，波就较慢地向你靠近。类似地，如果存在以太，光速就会依你相对于以太的运动而变化。事实上，如果光的行为和声一样，正如搭乘超音速喷气式飞机的人永远听不到从飞机后面来的任何声音，因而足够快穿越以太运动的旅客也能够跑得比光波更快。从这类考虑开始研究，麦克斯韦建议一个实验。如果存在以太，那么在地球围绕太阳公转时，它必定穿越它运动。并且由于地球在 1 月份行进的方向与在 4 月或 7 月相比有所不同，人们应能观测到在一年的不同时期光速的微小差别——见下图。

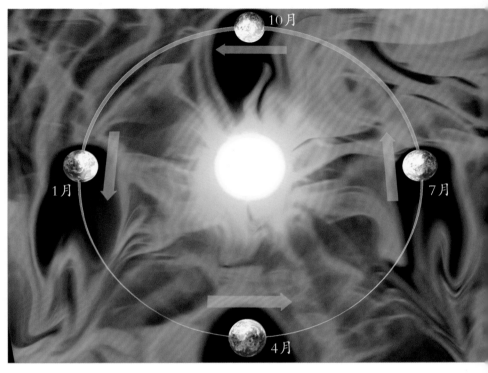

在以太中运动
如果我们在以太中运动，我们应能由观测光速的季节不同而检测到那个运动。

　　皇家学会会刊的编辑说服麦克斯韦不要发表他的思想，他认为该实验行不通。1879 年，麦克斯韦死于痛苦的胃癌，享年 48 岁。之前不久，麦克斯韦就这个主题致信一位朋友。这封信在他死后发表于《自然》杂志。一位名叫阿尔伯特·迈克耳孙的美国物理学家是此文的读者之一。从麦克斯韦的猜测获得灵感，迈克耳孙和爱德华·莫雷于 1887 年作了一个非常灵敏的实验，以测量地球穿越以太的速度。他们的想法是比较两个成直角的不同方向的光速。如果相对于以太的光速是一个固定的数，那么测量就应该揭示出依光束方向而不同的光速。但他们没观测到这种差别。

迈克耳孙和莫雷实验的结果很显然与电磁波通过以太传播的模型相冲突，因而本应该把以太模型抛弃掉。但是迈克耳孙的目的是测量地球相对于以太的速度，不是去证明或证伪以太假设，而他的发现并没有使他得出以太不存在的结论，也没有其他人得出这个结论。事实上，1884 年著名的物理学家威廉·汤姆孙爵士（开尔文勋爵）说："以太是动力学中我们确信的仅有物质。有件事物我们确信无疑，那就是传光以太的实在性和本体性。"

你怎能不顾迈克耳孙 - 莫雷实验结果还继续确信以太呢？正如我们说过的，经常发生的事是，人们利用不自然的特别的附加物试图挽救模型。有些人假定地球拖曳以太跟着它走，这样我们实际相对于它没有运动。荷兰物理学家亨德利克·安东·洛伦兹和爱尔兰物理学家乔治·弗朗西斯·菲兹杰拉德提出，在一个相对于以太运动的参照系中，也许由于某种未知的机械效应，钟会变慢而距离会缩短，所以人们仍然测得光具有相同速度。这种挽救以太概念的努力几乎继续了20 年，直至伯尔尼专利局的一位年轻不知名的职员阿尔伯特·爱因斯坦发表一篇非凡的论文。

当爱因斯坦于 1905 年发表他的题为"论动体的电动力学"的论文时，他才 26 岁。在该论文中，他做了一个简单的假设：物理定律，尤其是光速，对于所有匀速运动的观察者都应该显得相同。后来证明，这个观念需要我们有关空间和时间的概念来一番变革。为了知道原由，想象两个在喷气式飞机的相同地方但在不同时刻发生的事件。对一位在飞机上的观察者而言，那两个事件之间具有零距离。但是对于在地面上的第二位观察者，这两个事件被分开的距离是飞机在两个事件之间的时间里旅行的距离。这显示了，两位相对运动的观察者在两事件的距离上意见不同。

　　现在假定这两位观察者观察从机尾向机头行进的一个光脉冲。正如在上例中所说的，对于光从机尾被发射直至在机头被接收行进的距离，两人意见不一致。由于速度是行进距离除以所用的时间，这意味着如果他们在脉冲行进的速度——光速——上意见一致，他们就对在发射和接收之间的

空运喷气机

如果在喷气机上拍球，搭飞机的观察者会确定，球在每一次弹跳后都落在同一点，而在地面的观察者会在弹跳点中测量到大的差别。

时间间隔上意见不一致。

　　使事情变得奇怪的是，尽管两位观察者测得不同的时间，他们却在看**相同的物理过程**。爱因斯坦没有企图为此建立一个人为的解释。他得出一个惊人但却符合逻辑的结论：花费时间的测量，正如旅行距离的测量，依赖于进行测量的

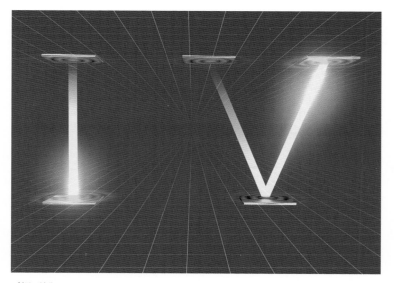

时间延缓

运动钟表似乎走得慢。因为这也适合于生物钟，因此运动的人似乎会更慢地变老，然而你不要抱奢望——在日常速度下，没有正常的钟表能测量出这个差别。

观察者。这个效应是爱因斯坦 1905 年论文中的理论关键之一，这个理论人称狭义相对论。

　　如果我们考虑两位观察者看着一个钟，我们就能看到这个分析如何应用于计时仪器。狭义相对论认为，相对于钟静止的观察者，钟走得较快。对于相对于钟非静止的观察者，钟走得较慢。如果我们将一束从机尾向机头行进的光脉冲比

作钟表的"滴答"声，我们将看到，对于一位地面上的观察者该钟走得较慢，因为光束在那个参照系中必须行进较大的距离。但这个效应与钟的结构无关；它对所有的钟，甚至我们自己的生物钟都成立。

爱因斯坦的研究表明，正如静止的概念，时间也不能是绝对的，像牛顿以为的那样。换言之，不可能赋予每一个事件每位观察者都同意的时间。相反地，所有的观察者都有他们自己的时间测量，而两位相互运动的观察者测量的时间一定不一致。爱因斯坦观念和我们的直觉背道而驰，因为在我们日常生活中正常遭遇的速度上，这些观念所意味的效应是不能被觉察到的。但是这些效应已再三地被实验确认。例如，想象一台静止地处于地球中心的参考钟，另一台钟处于地球表面，而第三台钟搭乘飞机，或者顺着或者逆着地球旋转的方向飞行。参照处于地心的钟，搭向东飞行的飞机——沿着地球旋转的方向——的钟比在地球表面上的钟运动得快，这样它应该走得较慢。类似地，参照处于地心的钟，搭着向西飞行的飞机——逆着地球旋转的方向——的钟比在地球表面上的钟运动得较慢，所以应走得较快。这正是在1971年10月进行的一次实验中所观察到的，在该实验中让一台非常精密的原子钟围绕着地球飞行。这样你可以不断绕着地球往东飞行，由此延长你的生命，尽管你也许会对所有那些航线上的电影感到厌烦。然而，这效应非常小，每绕一圈大约为亿分之十八秒（而且这还由于引力差异的效应而有所减少，但是我们在此不必讨论这个）。

由于爱因斯坦的研究，物理学家们意识到，因为要求光速在所有参照系中相同，麦克斯韦的电磁学理论就要求，时间不能视为与三维空间分离。相反，时间和时间是相互纠缠的。这有点像把将来/过去的第四个方向加到通常的左/右、

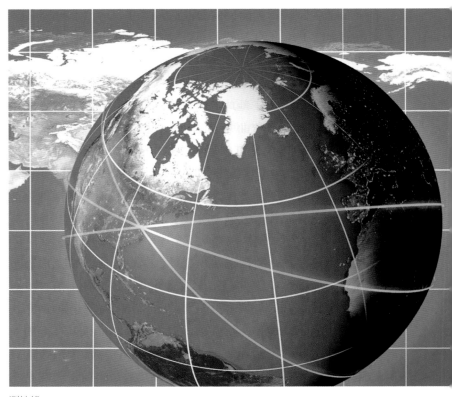

测地线

在地球表面上两点之间的最短距离，当画在一张平面地图上时，显得是弯曲的——记在心里若有机会进行一次严肃的检验。

店，而在于它是宇宙的非常不同的模型，该模型预言诸如引力波和黑洞的新效应。就这样，广义相对论将物理学转变成了几何学。现代技术足够灵敏，允许我们对广义相对论进行许多微妙检验，而它通过了所有的检验。

尽管麦克斯韦电磁学理论和爱因斯坦的引力论——广义相对论都变革了物理学，但它们和牛顿的物理学一样，都还是经典理论。那就是说，它们是宇宙在其中可以具有单一历史的模型。正如我们在上一章中看到的，这些模型在原子和

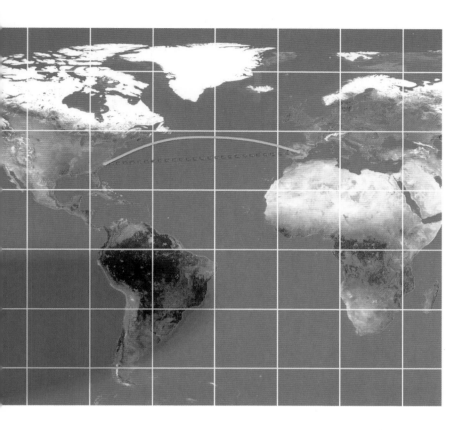

亚原子水平上与观测不相符合。相反地，我们必须使用量子论。在量子论中，宇宙可具有任何可能的历史，每个历史都具有自己的强度或概率幅度。对于牵涉日常世界的实用计算，我们能继续使用经典理论，然而如果我们希望理解原子和分子行为，我们便需要麦克斯韦电磁理论的量子版本；而如果我们要理解早期宇宙，那时宇宙中的所有物质和能量都被挤压到极小体积中，我们就必须拥有广义相对论的量子版本。我们需要这样的理论，还因为如果我们要寻求对自然的根本理解，若某些定律是量子的，而其他是经典的话，就将是不一致的。因此我们必须寻找所有自然定律的量子版本，这样的理论被称作量子场论。

已知的自然力可分为 4 类：

1. 引力。这是 4 种力中最弱的力，但它是长程力，并且作为吸引力作用于宇宙中的万物。这意味着，对于大物体而言，所有引力都叠加起来，并且能够支配其他所有的力。

2. 电磁力。这也是长程的，并且比引力要强得多，但是它只作用在带电荷的粒子上，它在同种电荷之间是排斥的，而在异种电荷之间是吸引的。这意味着大物体之间的电力相互抵消掉，但它们在原子分子尺度起支配作用。电磁力决定着全部化学和生物学过程。

3. 弱核力。这力引起放射性，并在恒星以及早期宇宙中的元素形成中起极其重要的作用。然而在日常生活中，我们不接触这个力。

4. 强核力。这力把原子核中的质子和中子束缚在一起。它还把质子和中子自身束缚住，因为它们是由更微小的粒子，即我们在第三章中提到的夸克构成，所以它是必要的。强力是太阳和核动力的能源，但是，正如弱力一样，我们与它没有直接的接触。

第一种有了量子版本的力是电磁力。电磁力的量子理论，称作量子电动力学，或简称为 QED，是 1940 年代由理查德·费恩曼和其他人发展的，它已成为所有量子场论的一个模型。正如我们说过的，根据经典理论，力是由场来传递的。但在量子场论中，力场被描绘成由称作玻色子的各种基本粒子构成，玻色子是在物质粒子之间来回飞行，携带并传递力的粒子。物质粒子叫费米子，电子和夸克是费米子的例子。光子或者光的粒子，是玻色子的例子。正是玻色子传送电磁力。所发生的是一个物质粒子，比如电子，发射出一个玻色子或者力粒子，引起回弹，非常像发射炮弹时引起的大炮回弹一样。然后力粒子和另一个物质粒子碰撞并被吸收，改变了那个粒子的运动。按照 QED，在带电粒子——感受到电磁力的粒子——之间的所有相互作用都按照光子的交换来描述。

QED 的预言已被检验并发现很精确地符合实验结果。但是进行 QED 所需的数学计算会很难。正如我们下面将要看到的，问题在于当你对上面粒子交换框架加上量子论的要求，即人们包括相互作用能发生的所有历史——例如，所有力粒子能被交换的方式——数学就变得复杂了。幸运的是，费恩曼除了发现可择历史的概念——在前一章中描述的考虑量子论的方法——还研究出解释不同历史的优雅的图解方法，今天该方法不仅应用于 QED，而且应用于所有的量子场论中。

费恩曼图解方法提供一种摹想历史求和中的每一项的方法。那些称为费恩曼图的图画是现代物理最重要的工具之一。在 QED 中，对所有可能历史的求和可表示为像对如下那些费恩曼图的求和，它们表示两个电子通过电磁力相互散射的某些可能的方式。这些图中的实线代表电子，而波线代表光子。时间被认为是从底部往顶部前进，而线的会合处对应于光子被一个电子发射或吸收。图 Ⓐ 代表两个电子相互接近，交换一个光子，然后继续前进。那是两个电子间发生电磁作用的最简单的方式，然而我们必须考虑所有可能的历史。因此我们还应把像图 Ⓑ 这样的图包括进去。那个图也画出两条线进来——正接近的电子——两条线离开——被散射的电子——但在这幅图中，当电子飞离之前交换两个光子。画在这里的图只是一些可能性；事实上，存在无限数目的图。这些都必须用数学表达出来。

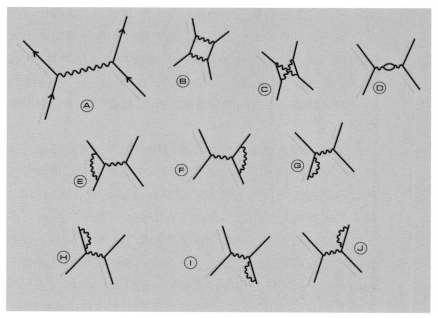

费恩曼图
这些图是两个电子相互散射的过程。

费恩曼图不仅是想象和分类相互作用如何发生的优雅方法。该图还附有允许你从每个图的线和顶点得出数学表达式的规则。例如，具有某给定初始动量的入射电子变成具有某个特别的最终动量飞离的概率，那是由对每一幅费恩曼图的贡献求和得到的。正如我们说过的，因为这些图的数目无限多，所以要花一些功夫。此外，尽管射入和射出的电子被赋予了确定的能量和动量，在图内部的闭圈的粒子可具有任意的能量和动量。这一点是重要的，因为在进行费恩曼求和时，人们不仅要对所有的图求和，而且还要对所有的那些能量和动量值求和。

费恩曼图为物理学家在想象和计算由 QED 描述的过程的概率提供了巨大的帮助。然而，它们不能治疗此理论患上的重要毛病。当你把无数不同历史的贡献叠加起来，就会得到无限的结果。（如果在一个无限求和中相继的项减小得足够快，和就可能是有限的，可惜，这里情况并非如此。）特别是，当把费恩曼图加起来时，其答案似乎表明电子具有无限质量和电荷。这是荒谬的，因为我们能够测量质量和电荷，而它们是有限的。为了处理这些无限，人们发展了一个称为重正化的步骤。

费恩曼图
理查德·费恩曼驾驶一辆上面画着费恩曼图的著名的面包车。这个艺术家描画的是用来显示上面讨论的图。尽管费恩曼于 1988 年去世，这面包车仍在——储藏在南加州的加州理工学院附近。

重正化的过程牵涉到减掉一些量，这些量以这样的方式被定义成无限的负的，使得在仔细的数学计算后，负无限的值与理论中产生的正无限的值的和几乎完全对消，留下一个小余量，即质量和电荷的有限的观察值。这些操作可能听起来有点像使你中学数学考试不及格的东西，而重正化，正如听起来的那样，的确在数学上是可疑的。一个推论是这个方法得到的电子质量和电荷值可取任意的有限值。其优点是物理学家可选择负无限以得出正确的答案，但缺点是因此从理论不能预测出电子质量和电荷。然而，一旦我们用这种方法固定了电子的质量和电荷，就可以利用 QED 去做其他许多非常精确的预言，所有这些预言都和观测极其接近地一致，于是，重正化就成为 QED 的一个重要部分。例如，QED 早期的一个胜利是正确地预言了所谓的兰姆移动，那是 1947 年发现的氢原子一个态的能量的微小改变。

QED 中重正化的成功鼓励了寻找描述其他 3 种自然力的量子场论的尝试。然而，将自然力分成 4 种也许是人为的，而且是我们缺乏理解造成的。因此人们寻找一种万物理论，它能够将 4 类力统一到一种与量子论相和谐的单一定律中。这将是物理学的圣杯。

从弱力理论得到统一是正确方法的一个迹象。只描述弱力自身的量子场论是不能重正化的；也就是说，它具有不能由减去有限个如质量和荷的量来对消的无限。然而，阿伯达斯·萨拉姆和史蒂芬·温伯格于 1967 年各自独立地提出一个理论，在该理论中电磁力与弱力相互统一，而且发现这个统一能解决无限的困难，这统一的力被称作弱电力。其理论可被重正化，而且它预言了分别叫做 W^+、W^- 和 Z^0 的 3 种新粒子。1973 年在日内瓦的 CERN 中发现了 Z^0 的证据。萨拉姆和温伯格因此在 1979 年获得诺贝尔奖，尽管直到 1983 年 W

粒子和 Z 粒子才被直接观察到。

在称为 QCD 或者量子色动力学的理论中，强力自身可被重正化。按照 QCD，质子、中子以及其他很多物质基本粒子是由夸克构成的。夸克具有物理学家同意称之为颜色的奇妙性质（术语"色动力学"由此而来，尽管夸克的色仅仅为有用的标签——和可见色没什么关联）。夸克以 3 种所谓的颜色——红、绿和蓝存在。此外，每种夸克都有一个反粒子伙伴，而那些粒子的颜色叫做反红、反绿和反蓝。这里的意思是只有不具有净颜色的组合才能作为自由粒子存在。存在两种得到这种中性夸克组合的方法。一种颜色和其反颜色抵消，因而夸克和反夸克形成一个无色的对，一种称为介子的不稳定粒子。还有，当所有 3 种颜色（或反颜色）混合，其

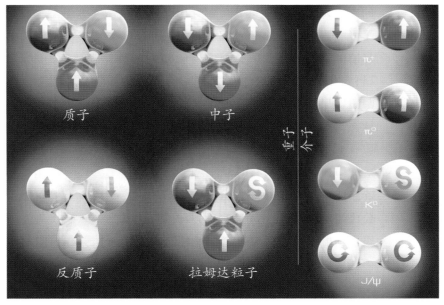

重子和介子

人们说重子和介子是由强力将夸克束缚在一起构成的。这样的粒子在碰撞时会交换夸克，然而单独夸克不能被观察到。

个独立的量子引力论相比，可谓小菜一碟。创立量子引力论被证明如此困难的原因必然与我们在第四章中讨论过的海森伯原理有关。尽管并不明显，但从这个原理推论开去，结果表明，场的值与它的变化率起着和粒子位置与其速度同样的作用。也就是说，其中一个越精确地被确定，则另一个只能更不精确地被确定。其重要的一个推论是，不存在像空虚的空间的这类东西。那是因为空虚空间意味着无论是场值还是它的变化率都恰好为零。（如果场的变化率不为零，则空间不会保持空虚。）由于不确定性原理不允许场和变化率都是准确的，所以空间永不能空虚。它可拥有一个最低能量的态，称作真空，然而那个态遭受到所谓的量子颤抖，或者真空涨落——粒子和场不停地出现并消失。

人们可将真空涨落认为是许多粒子对在某一时间一起出现，彼此离开，然而又回到一起，并相互湮没。按照费恩曼图，它们对应于闭合的圈，这些粒子称为虚粒子。和实粒子不同，虚粒子不能用粒子探测器直接观察到。然而，它们的间接效应，诸如在电子轨道上的能量的小改变是可被测量到的，并和理论预言一致到惊人的准确程度。问题是虚粒子具有能量，而且因为存在无限数目的虚粒子对，它们就会拥有无限的能量。根据广义相对论，这意味着它们会将宇宙弯曲到无限小尺度，这显然没有发生！

这个无限的困难类似于在强力、弱力和电磁力理论中发生的问题，除了在那些场合重正化消除了无限。但在引力的费恩曼图中的闭圈不能被重正化吸收掉，因为在广义相对论中没有足够多的重正化参数（诸如质量和荷的值）去消除从理论来的所有量子无限。因此，我们拥有一个引力理论，它预言某些量，诸如时空曲率是无限的，这个理论无法开动一个可居住的宇宙。那意味着，获得一个切合实际的理论的仅有可能性是，所有的无限以某种方式对消掉，而不用求助于重正化。

1976 年，人们对这个问题找到一个可能的解决办法，它称作超引力。加上这个前缀"超"的原因，并不是因为物理学家以为，这个量子引力论是"超级理论"，可能真的行得通。相反地，"超"是指这个理论拥有的称为超对称的一种对称。

在物理学中，如果一个系统的性质经过某种变换比如在空间中旋转或取其镜像的情况下不受影响，则它拥有对称。例如，如果你把一个甜面包圈翻过来，它显得完全相同（除非它上部有巧克力，那就最好吃掉它）。超对称是一种更微妙的对称，与通常空间的变换没有关系。超对称的一个重要含义是力粒子和物质粒子，因此力和物质，事实上只是一个同样东西的两面。实际地讲，那意味着每个物质粒子，例如夸克，应该具有一个力粒子的伙伴粒子，而每个力粒子，例如光子，应该具有一个物质粒子的伙伴粒子。因为，人们发现，从力粒子闭圈引起的无限是正的，而从物质粒子闭圈引起的无限是负的，这样在理论中从力粒子引起的无限和从其伙伴物质粒子引起的无限趋向于抵消掉，所以超对称具有解决无限的问题的可能性。可惜的是，需要通过计算找出在超引力中是否存在任何留下的未被对消的无限；那计算是这么冗长，又是这么困难，并且可能错得离谱，使得没人准备着手进行。尽管如此，大多数物理学家相信，超引力可能是对于把引力和其他力统一的问题的正确答案。

你也许会以为检查超对称的成立是件容易的事——只消检查现存粒子的性质，看它们是否配对。这样的伙伴粒子没有被观察到。然而，物理学家做过的各种计算表明，对应于我们观察到的粒子的伙伴粒子应是质子质量的 1000 倍那么重，或者更重。这种粒子太重了，以至迄今在任何实验中都没看到，但在日内瓦的大型强子碰撞机中有望最终创生这样的粒子。

超对称的思想是创造超引力的关键，但此概念实际上是多年前一些研究所谓弦论雏形的理论家们创造的。根据弦论，粒子不是点，而是具有长度却没有高度或宽度的像无限细的一段弦的振动模式。弦论也导致无限，但人们相信，在合适的版本中这种无限将被对消掉。它们还有另外一样不寻常的特征：只有在时空为十维而不是通常的四维时，它们才是协调的。十维也许听起来激动人心，但是你若忘记何处泊车，它们就会引起真正的问题。如果这些额外的维度存在的话，为何我们没有觉察到呢？根据弦论，它们被蜷缩成非常小尺度的空间。为了描述这个，想象一个二维的平面。因为你需要两个数（例如水平坐标和垂直坐标）去定位平面上的任一点，所以称平面是两维的。另一个两维的空间是吸管的表面。为了在这个空间中给一点定位，你要知道这一点位于沿着吸管长度的何处，还需要知道它位于圆周维度的何处。然而如果吸管非常细，那么只用沿着吸管长度的坐标你就能得到近似得非常好的位置，这样你可不考虑圆周的维度。而如果吸管直径是百万亿亿亿分之一英寸，你就根本不会觉察到圆周的维度。这就是弦理论家拥有的额外维的图像——这些额外维是高度弯曲的，或者在小至我们看不见的尺度上卷曲。在弦论中额外维被卷曲成所谓的内空间，相对于我们日常生活中经验到的三维空间。正如我们将要看到的，这些内部状态不只是毫无声息的隐藏的维度——它们具有重要的物理意义。

弦论除了维数的问题，还受另一个令人困惑的问题的折磨：似乎至少存在 5 种不同的理论以及几百万种额外维蜷缩

吸管和线

吸管是两维的，然而如果其直径足够小——或者从远处来看——它显得像一根线那样是一维的。

的方式。对于那些提倡弦论是万物的唯一理论的人而言，这是非常令人困窘的可能性。后来，大约在 1994 年，人们开始发现二重性——不同的弦论以及不同的蜷缩额外维的方式，是描写四维中的同样现象的全然不同的方式。此外，他们发现超引力也以这种方式和其他理论相关联。弦理论家现在确信，5 种弦理论和超引力只是一个更基本理论的不同近似，各自在不同的情形下成立。

　　正如我们早先提到的，那个更基本的理论称为 M 理论。似乎无人知道"M"代表什么，它可能代表"主要"、"奇迹"或者"神秘"，它似乎是所有这三者。人们仍然在努力去阐明 M 理论的性质，但那也许是不可能的。传统上，物理学家期望大自然有一个单一理论，这或许难以获得支持，并且也不存在一单个表述。我们要描述宇宙，可能只好在不同的情形下用不同的理论。每一种理论也许都拥有它自己的关于实在的版本。但是根据依赖模型的实在论，每逢这些理论交叠，也就是它们都能适用之处，只要它们的预言一致，那就可以被接受。

不管 M 理论是作为一单个表述，还是只作为一个网络而存在，我们的确知道它的一些性质。首先，M 理论具有十一维时空，而不是十维时空。弦理论家早就怀疑，十维的预言也许必须调整，而最近的研究显示，有一个维度的确被忽略了。还有，M 理论不仅包含有振动的弦，还包含点粒子、二维膜、三维块以及其他更难想象的占据直至九维的更多空间维度的其他物体。这些物体称作 p 膜（这儿 p 为从 0 到 9）。

蜷缩成极小维度的大量方式又是怎么回事呢？在 M 理论中那些额外的空间维度不能以任意方式蜷缩。该理论的数学限制内空间维度能被蜷缩的方式。内空间的准确形状既确定物理常数，比如电子电荷的值，又确定基本粒子之间相互作用的性质。换言之，它确定自然的表观定律。我们说"表观"是因为我们说的定律是指在我们的宇宙中观测到的——4 种力的定律，以及诸如那些表征基本粒子的质量和荷之类的参数。但是更基本的定律是 M 理论中的那些定律。

因此，M 理论的定律允许拥有不同表观定律的**不同**宇宙，表观定律依内空间如何蜷缩而定。M 理论具有允许许多，也许多达 10^{500} 的不同内空间的解，这意味它允许 10^{500} 个不同宇宙，各自具有自己的定律。为了体会这个数字有多大，这么想想吧：如果某种生物只用 1 毫秒就能分析为其中一个宇宙作预言的定律，并且从大爆炸起就开始进行，至今那个生物才研究了其中的 10^{20} 个，而且那是连在喝咖啡的时间都不休息的情形下进行的。

　　牛顿在几个世纪之前证明，数学方程能对物体相互作用的方式给出令人惊讶的准确描述，无论是在地球还是在天穹。科学家们由此相信，只要我们知道正确的理论并拥有足够的计算能力，便能预见整个宇宙的未来。后来出现了量子不确定性、弯曲空间、夸克、弦以及额外维，而他们工作的最后结果是 10^{500} 个宇宙，各自拥有不同的定律，其中只有一个对应于我们所知的宇宙。物理学家原先希望创造一个单一的理论，把我们宇宙的表观定律解释成一些由寥寥几个简单假设所能推出的唯一结果，这种希望也许必须被抛弃。那我们该怎么办？如果 M 理论允许 10^{500} 族表观定律，那我们为何落到这个宇宙，并拥有我们的表观定律？其他那些可能的世界又该如何呢？

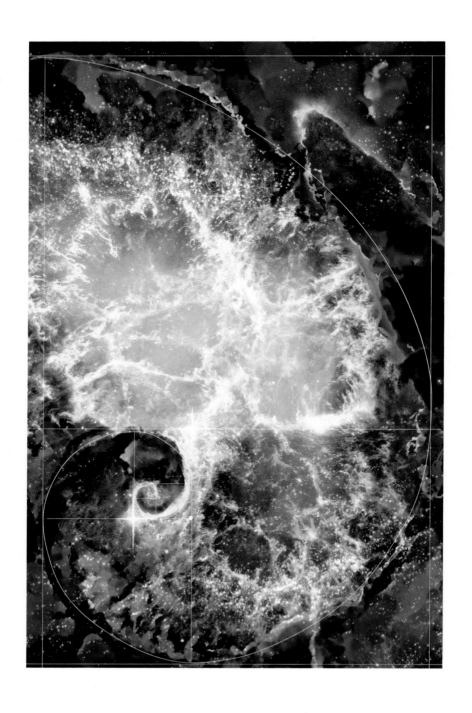

第六章

选择宇宙

根据中非波桑歌人的传说，太初只有黑暗、水和伟大的天神奔巴。一天，奔巴胃病发作，呕吐出太阳。一会儿，太阳灼干了一部分水，留下大地。可是奔巴仍然胃痛不止，又吐出来月亮和星辰，然后吐出一些动物：豹、鳄鱼、乌龟……最后是人。墨西哥和中美洲的玛雅人描述在创生之前的类似时期。那时存在的一切是海洋、天空和造物主。在玛雅传说中，造物主创造了土地、山岳、树林和大多数动物，但他不快活，因为没有赞美者。由于动物不能说话，他决定创造人类。他先用泥土做人，但他们只能胡说。他将他们溶掉，再试，这回用木头塑造出人来。但那些人很笨，他决定将其毁灭，但他们逃进树林，逃窜途中受到一些伤害后发生了些许的改变，创生了当今知道的猴子。那次惨败之后，最终造物主找到了一个方案，用白色玉米和黄色玉米造出人类。我们今天用玉米制造酒精，然而迄今还未达到造物主制造喝它的人的本领。

诸如此类的古代创生神话都试图回答我们在本书里想要解决的问题：为何存在一个宇宙？为何宇宙如此这般？自古希腊开始的多少世纪里，我们回答这类问题的能力逐渐增强，而在 20 世纪，这种能力极度发展。有前面的章节作背景准备，现在我们要对这些问题提供可能的答案。

有件事可说是自古以来就很明显的：要么宇宙是一个非常晚近的创生物，要么人类只在宇宙历史中存在了一小部分的时间。那是因为人们在知识和技术上如此迅速地改善，如果人类在周围存在了几百万年，那么人类要先进得多。

根据旧约，上帝在创生之后仅 6 天就创生了亚当和夏娃。1625~1656 年间的全爱尔兰大主教厄谢尔主教甚至把世界起源更精确地设定于公元前 4004 年 10 月 27 日的早上 9 点。而我们采取不同观点：人类是近代创生的，然而宇宙本身的起始要早得多，大约在 137 亿年前。

宇宙具有开端的第一个真正的科学证据是 1920 年代出现的。正如我们在第三章中说过的，那时大多数科学家信仰一直那样存在的静态宇宙。与此矛盾的证据是间接的，那是基于埃德温·哈勃在加利福尼亚帕萨迪纳的威尔逊山利用 100 英寸望远镜进行的观测。哈勃分析了邻近的所有星系发射的光谱之后，确定几乎所有的星系都远离我们而去，而且它们离得越远，就运动得越快。1929 年，他发表了一个将退行速度和它们离开我们距离相关的定律，并得出结论说宇宙正在膨胀。如果这是真的，那么宇宙在过去就应该较小。事实上，如果我们回溯到遥远的过去，宇宙中所有的物质和能量就应集中在具有不能想象的密度和温度的非常微小的区域，而且如果回溯到足够早，那么就存在一个一切起始的瞬间——我们现在称这个事件为大爆炸。

宇宙正在膨胀的观念有些微妙。例如，我们不是说宇宙以这种方式膨胀，比如，人们可以把墙打掉，在曾经长着大橡树的位置装修一个洗澡间。说得更准确些，是宇宙**中**的任何两点之间的距离在变大，而非空间在**延续**其自身。1930 年代，这种观念在大量的争议中脱颖而出。而想象它的最好方法之一仍然是剑桥大学天文学家阿瑟·爱丁顿在 1931 年清楚地阐述的比喻。爱丁顿把宇宙想象成一个膨胀的气球的表面，而所有星系为那个表面上的点。这个图像清晰地阐释了为何远处的星系比近处的退行得较快。例如，如果气球的半径每小时加倍，那么在这气球上的任何两个星系之间的距离每小时会加倍。如果两个星系在某一时刻相距 1 英寸，1 小时后它们就会相距 2 英寸，而它们显得以每小时 1 英寸的速率相互运动离开。但是如果它们开始是离开 2 英寸，1 小时后它们就分开 4 英寸，而显得是以每小时 2 英寸的速度相互运动离开。这正是哈勃的发现：星系越远，它离开我们运动得越快。

　　空间的膨胀不影响诸如星系、恒星、苹果、原子或其他由于某种力束缚在一起的物体的尺度，意识到这一点很重要。例如，如果我们在气球上圈出一个星系团，在气球膨胀时，那个圆圈并不膨胀。毋宁说，因为星系受引力的束缚，当气

气球宇宙
远处星系离开我们后退，正如宇宙整体是在一个巨大的气球表面上。

球膨胀时圆圈和在其中的星系会保持尺度和外形。因为只有当我们测量的工具具有固定尺寸时，我们才能检查膨胀，所以这一点是重要的。如果万物都自由膨胀，那么我们，我们的标准，我们的实验室等就都会按比例膨胀，而我们就不会觉察到有任何不同了。

对于爱因斯坦，宇宙正在膨胀是一条新闻。然而基于爱因斯坦自己的方程产生的理论根据，早在哈勃论文问世几年之前，就已经有人提出了星系彼此离开运动的可能性。1922年，俄国物理学家兼数学家亚历山大·弗里德曼研究了基于两个可使数学极度简化的假定之上的一个宇宙模型：宇宙在任何方向都显得相同，以及从所有观察点看也是这样。我们知道弗里德曼第一假定不完全真实——还好宇宙并非处处一致！如果我们往上凝视一个方向，我们也许看到太阳；在另一方向是月亮，或者是一群迁徙的吸血鬼蝙蝠。然而，在甚至比星系距离大得多的尺度下看，宇宙在每一方向的确显得大致相同。这很像往下俯瞰森林。如果你处于足够近处，你能辨别出单片叶子，或至少树以及之间的空间。然而，如果你处于相当高的地方，把你拇指伸出就遮盖 3 平方英里的树，森林就显得是一片均匀的绿荫。我们会说，森林在那个尺度上是一致的。

基于自己的假定，弗里德曼能够发现爱因斯坦的一个解，在该解中，宇宙膨胀。以后不久，哈勃发现这种膨胀方式是千真万确的。特别是，弗里德曼的宇宙模型从零尺度起始，而且膨胀直至引力吸引使之缓慢，并最终使之向自身坍缩。（结果，爱因斯坦方程还有两种其他类型的解也满足弗里德曼模型的假设，其中一种对应于永远继续膨胀的宇宙，尽管它会缓慢下来一些，而另一种其膨胀率向零减缓，但永远不会到达零。）弗里德曼完成这个研究之后没几年即去世，直至哈勃发现之后，大家才知道弗里德曼的思想。然而，一位名为乔治·勒梅特的物理学教授和罗马天主教牧师在 1927年提出类似的思想：如果你沿着宇宙历史回溯到过去，它会变得越来越小直到一个创生时刻——那就是今天我们称作大爆炸的时刻。

并非人人都喜欢大爆炸的图像。事实上，"大爆炸"这个术语是 1949 年剑桥天体物理学家弗雷德·霍伊尔创造的。他深信宇宙永远膨胀，就用这个术语戏称之。直至 1965 年支持这个观点的最早直接观测才出现，人们发现在整个太空存在着暗淡的微波背景。这个宇宙微波背景辐射或 CMBR，和你的微波炉中的一样，只不过微弱得多。你把电视转到一个不用的频道就能看到 CMBR——你在屏幕上看到的雪花，百分之几是由它引起的。这个辐射是两位贝尔实验室的科学家在努力消除从他们微波天线来的这种干扰时偶然发现的。他们起初以为这种干扰也许是由栖息在天线中的鸽子粪引起的，然而结果是他们的问题拥有更有趣的起源——CMBR 是从大爆炸后很短的时间存在过的非常热非常致密的早期宇宙遗留下来的辐射。随着宇宙膨胀，它冷却下来，直至辐射变成仅仅是我们现在观察到的暗淡的残余。现在这些微波只能将你的食物加热到大约 –270 摄氏度——绝对温标 3 开，对于爆玉米花没多大用处。

天文学家还发现了支持一个炽热而微小的早期宇宙的大爆炸图像的其他特征标志。例如，在第 1 分钟左右，宇宙会比典型恒星的中心还热。在那个时期，整个宇宙就像一个核聚变反应堆那样行为。当宇宙足够膨胀并冷却，该反应就停止了。然而理论预言，这会遗留一个由氢为主要成分的宇宙，但还有大约 23%的氦，以及微量的锂（所有更重的元素都是后来在恒星中形成的）。计算结果和我们观察到氦、氢和锂的含量非常一致。

氦丰度以及 CMBR 的测量为极早期宇宙的大爆炸图像提供了令人信服的有利证据，然而尽管人们可将大爆炸图像认为是早期的一个成功的描述，严格地接受大爆炸，也就是说，认为爱因斯坦理论提供了宇宙起源的真正图像却是错误的。那是因为广义相对论预言在时间中存在一点，那时宇宙温度、密度和曲率都是无限的，这是数学家称之为奇点的情形。对于物理学家而言，这表明在那一点上爱因斯坦理论崩溃了，因此不能用以预言宇宙为何起始，只能用以预言之后它如何演化。因而尽管我们可以使用广义相对论的方程和我们对天空的观测去认识极年轻时代的宇宙，但将大爆炸图像一直延伸至起始却是不正确的。

我们将会很快回到宇宙创生问题，但首先要讲一下有关膨胀的第一相，物理学家称之为暴胀。如果你没在津巴布韦住过——那里通货膨胀最近超过 200 万倍——这个术语也许听起来并不那么有爆炸性。然而，甚至根据保守的估计，在这个宇宙暴胀期间，宇宙在 0.000 000 000 000 000 000 000 000 000 000 01 秒膨胀了 1 000 000 000 000 000 000 000 000 000 000 倍。它仿佛是直径 1 厘米的硬币忽然爆炸到银河系宽度的一千万倍。这似乎违反了相对论，它要求没有任何东西可比光运动得更快，但那个速度极限不能适用于空间本身的膨胀。

这种暴胀的事件也许发生过的思想首先是在 1980 年代提出的，那是基于超出爱因斯坦广义相对论，并注意到量子论方面的考虑。由于量子引力论尚不完备，其细节还在研究之中，因此物理学家尚未确切地肯定暴胀如何发生。然而根据理论，由暴胀引起的膨胀不会是**完全**均匀的，不像传统的大爆炸图像预言的那样。这些无规性在不同方向的 CMBR 的温度上会产生微小的变化。这种变化太小了，以至于在 1960 年代还未被观测到，然而 1992 年首次被 NASA 的 COBE 卫星、后来又被它的后继者——2001 年发射的 WMAP 卫星测量到。因而，我们现在确信暴胀的确发生过。

具有讽刺意味的是，尽管 CMBR 中的微小变化作为暴胀的证据，CMBR 的温度几乎完美的均匀性却是暴胀之为重要概念的一个原因。如果你使物体的一部分比它的周围更热，然后等待，这热点会冷却下来，而周围变得较暖，直到与物体的温度相一致。类似地，人们可以预料宇宙的温度最终会达到一致。但是这个过程花费时间，而如果暴胀没有发生过，假定这种热传输的速度受光速的限制，则在宇宙的历史中就不会有足够的时间让热在相隔很远的区域变得均匀。一个非常快速（比光速快得多）的膨胀时期可以纠正这个问题，因为在极短暂的前暴胀早期宇宙中就可有足够的时间使均匀化发生。

暴胀至少在一个意义上解释了大爆炸中的爆炸，这就是，暴胀所代表的膨胀比广义相对论所预言的传统大爆炸在暴胀发生的时间段里的膨胀远为极端。问题在于，为了我们的暴胀理论模型能有效运行，必须以一种非常特殊和高度不可思议的方式设定宇宙的初始态。这样，传统的暴胀理论解决了一族问题，却产生了另一个问题——需要一个非常特别的初始态，我们即将描述的宇宙创生理论将消除这个零时间的问题。

由于我们不能利用爱因斯坦的广义相对论来描述创生，如果我们要描述宇宙的起源，广义相对论就必须被一个更完备的理论取代。人们期望，即便广义相对论不崩溃，也需要更完备的理论，因为广义相对论没有考虑由量子论制约的小尺度物质结构。我们在第四章中提到，因为量子论适用于描述微观尺度的自然，在宇宙大尺度结构的研究中，对于多数实际的目的，量子论不大相干。然而，如果你在时间中回溯至足够远，宇宙就和普朗克尺度一样小，即十亿亿亿亿分之一厘米，这是必须考虑量子论的尺度。这样，虽然我们还未拥有一个完备的量子引力论，但我们的确知道，宇宙的起源是一个量子事件。 因而，正如我们——至少临时地——把量子论和广义相对论相结合以导出暴胀理论，如果我们要回溯得更远并理解宇宙的起源，就必须将我们关于广义相对论的知识与量子论相结合。

为了要知道这如何进行，我们需要理解引力弯曲空间和时间这一原理。空间弯曲比时间弯曲较易想象，把宇宙想象为一张台球台的平坦表面。这台面是个平坦空间，至少在两维上是这样。如果你在台上滚球，它就沿直线运动。倘若台面有些地方被弯曲或者被弄成凹痕，如下图所示，那么球就会走弯路。

因为在这个例子中台球台被弯曲到以外我们能看见的第三维中，所以很容易看出它是如何被弯曲的。由于我们不能

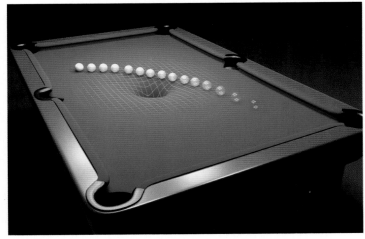

空间弯曲
物质和能量弯曲空间，改变物体的路径。

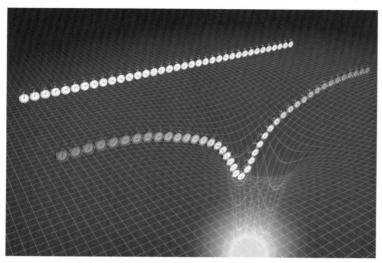

时空弯曲

物质和能量弯曲时间，而且使时间维度和空间维度"混合"。

离开我们自己的时空去观看它的弯曲，故较难想象我们宇宙中的时空弯曲。然而，即便我们不能离开并从更大空间的透视来看它，也仍然能够检测到曲率。从空间本身之中即能检测到它。想象一只小蚂蚁被限制在台面上。即便蚂蚁不能离开台面，只要仔细地把距离记录下来，它就能检测到弯曲。例如，在平坦的空间中，圆周长总是比从中穿越的直径距离的 3 倍多一些（其真正的倍数为 π）。然而，如果蚂蚁取捷径穿过环绕左图台面中的井的圆周，它将发现越过的距离比预想的大一些，大于围绕它的距离的 1/3。事实上，如果这口井足够深，蚂蚁会发现，绕过它比穿越它还近些。对于我们宇宙中的弯曲这也同样成立——它以一种可从宇宙内测量的方式，拉伸或压缩空间点之间的距离，改变其几何或者形状。时间的弯曲以类似的方式拉伸或压缩时间间隔。

掌握好这些观念之后，让我们再回到宇宙起始的问题。在牵涉低速和弱引力的情形下，像在这里的讨论中一样，我们不妨分别谈论空间和时间。然而，一般而言时间和空间能变成互相纠缠，因此它们的伸缩也牵涉一定程度的混合。这个混合在早期宇宙中是重要的，并且是理解时间开端的关键。

时间开端的问题有点类似世界边缘的问题。在人们认为世界是平坦时，也许会纳闷儿海水是否会从边缘泻出来。这已经被实验检测过：人们可以围绕着世界旅行，而并未掉下来。当人们意识到世界不是一块平板，而是一个曲面时，在世界边缘会发生何事的问题也就解决了。然而，时间似乎像一个模型铁轨。如果它具有开端，那就应该存在某者（即上帝）将火车开动。尽管爱因斯坦的广义相对论把时间和空间统一成时空，并涉及空间和时间的某种混合，时间仍然有异于空间，而且要么具有开端和终结，要么无限地延伸。然而，一旦我们将量子论效应加到相对论之上，在极端的情形下发生的弯曲可达到如此巨大的程度，以至于时间就像空间的又一维那样行为。

在早期宇宙——当宇宙小到足够让广义相对论和量子论一起制约之时——有效地存在四维空间而不存在时间。这意味着，当我们提及宇宙的"起始"，我们正位于微妙问题之边缘，即当我们向极早期宇宙回溯时，我们所知的时间并不存在！我们必须接受，我们通常的空间和时间观念不适用于极早期宇宙。这超出我们的经验，却未超出我们的想象或数学。如果在早期宇宙中所有四维都如空间那样行为，对于时间的起始会发生什么呢？

意识到时间可像空间的又一方向那样行为意味着，以类似我们摆脱世界边缘的方式，人们也可以摆脱时间有个起始的问题。假设宇宙的起始像地球的南极，纬度取时间的角色。随着人们往北运动，代表宇宙尺度的等纬圈将膨胀。宇宙在南极作为一点起始，但是南极和任何其他点都非常像。

询问在宇宙起始之前发生什么成为无意义的问题，因为在南极之南不存在任何东西。在这个图像中，时空没有边界——同样的自然定律在南极如在他处一样成立。类似地，当人们将广义相对论和量子论相结合时，关于在宇宙开端之前发生什么的问题就变得无意义了。历史必须是无边界的闭合面的思想被称为无边界条件。

多少世纪来，包括亚里士多德在内的许多人，都相信宇宙必定一直存在，以此避免它如何开始的问题。其他人相信宇宙有一开端，并以此作为上帝存在的一个论证。意识到时间像空间那样行为呈现了一个新的选择。它不仅排除了对宇宙具有开端的长期的异议，而且意味着宇宙的起始由科学定律来制约，而不必由某位神来启动。

如果宇宙的起源是一个量子事件，那么费恩曼的历史求和就应能准确地描述它。然而，将量子论应用到整个宇宙——在这里观察者是被观察的系统的一部分——是难处理的。在第四章中我们看到，射到一个具有两道缝隙的屏幕的物质粒子如何像水波那样显示干涉条纹。费恩曼指出，这是由于粒子不具有唯一的历史引起的。也就是说，当它从始点 A 运动到某个终点 B 时，它不采取一个确定的路径，而是同时采取连接这两点的所有可能的路径。从这个观点看，干涉并不奇怪，因为，例如粒子或可同时穿过两道缝隙而和它本身干涉。将费恩曼的方法应用于粒子运动，该方法告诉我们，为了计算任何特别终点的概率，我们必须考虑粒子从它起点到那个终点可能遵循的所有可能历史。人们也能用费恩曼方法来计算观测宇宙的量子概率。如果它们被应用于宇宙整体，不存在点 A，这样我们就将所有满足无边界条件和结束于我们今天观测的宇宙的所有历史叠加起来。

这个观点认为，宇宙自发出现，以所有可能的方式开始。

其中的大多数对应于其他宇宙。那些宇宙中，有一些类似于我们的，大多数则非常不同。它们不仅是细节不同，诸如猫王是否英年早逝或者芜菁是否为一种餐后的甜点，相反，它们甚至在自然的表观定律上迥然不同。事实上，存在拥有许多不同族物理定律的宇宙。许多人将这个观念故弄玄虚，有时称作多宇宙概念，但这种种说法，只不过是费恩曼历史求和的不同表达。

为了摹想这个，让我们改动一下爱丁顿的气球比喻，而把膨胀的宇宙认为是泡的表面。那么，我们的宇宙自发量子创生的图像，有点像在沸水中蒸汽泡的形成。许多微小气泡生生灭灭。这些代表着膨胀但在其仍然处于微观尺度时坍缩的微宇宙。它们代表着可能的另外的宇宙，但由于它们未能维持足够久使得星系和恒星，更不用说智慧生命得以发展，所以不太有趣。然而其中一些小泡泡会长得足够大，使得它

多宇宙

量子涨落导致微小宇宙从无中创生出来。其中的一些达到临界尺度，然后以暴胀的方式膨胀，形成星系、恒星以及至少在一种情形下形成像我们这样的生命。

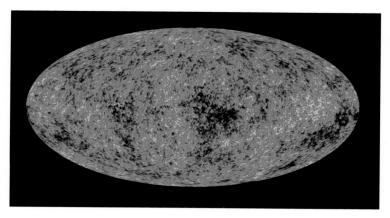

微波背景

这张天图是由 2010 年准许发表的 WMAP7 年的资料制作的。它揭示了回溯到 137 亿年前的温度涨落——用不同颜色显示。画出的涨落对应于比千分之一摄氏度还要小的温度差别。然而，它们是长大形成星系的籽。此图承 NASA/WMAP 科学团队提供。

们避免坍缩。它们将以不断增加的速度继续膨胀，而形成我们能看到的蒸汽泡。这些对应于开始以不断增加的速度膨胀的宇宙——换言之，即是处于暴胀状态的宇宙。

　　正如我们说过的，由暴胀引起的膨胀不会完全均匀。在历史求和中，只存在一个完全均匀和规则的历史，而它具有最大的概率，但是其他许多稍微不规则的历史将具有几乎同样大的概率。这便是为何暴胀预言，早期宇宙可能稍许不均匀，这对应于在 CMBR 中被观测到的微小温度变化。早期宇宙的无规性是我们的福气。此话怎讲？如果你不想从牛奶分离出乳酪，均匀性自然是好的，但一个均匀宇宙令人厌烦。因为在早期宇宙中，如果某些区域具有比它处稍高的密度，那和它周围相比，额外密度的引力吸引会减缓那个区域的膨胀，所以无规性很重要。随着引力缓慢地将物质拉近，它最终能使它坍缩形成星系和恒星，后者能导致行星，而且至少在一种场合导致人的产生。所以，要仔细看这张天空微波图，它可是宇宙中一切结构的蓝图。我们则是极早期宇宙量子涨落的产物。于是，信教的人可以说，上帝的确掷骰子。

这个观念导致一种和传统概念根本不同的宇宙观，要求我们调整思索宇宙历史的方式。为了在宇宙学中作预言，我们需要计算在此刻整个宇宙的不同状态的概率。在物理学中，人们通常对一个系统假定某一初始态，利用有关的数学方程向时间的前方演化。给定一个时刻一个系统的态。人们试图计算在以后一个时刻该系统处于某一不同的态的概率。宇宙学中通常假定宇宙有一单个确定的历史。人们可以利用物理学定律去计算这个历史如何随时间发展。我们将此称作宇宙学的"从底往上"方法。然而，由于我们必须考虑如费恩曼历史求和所表述的宇宙量子性质，宇宙现在处于一个特别的态的概率幅度，乃是由把所有满足无边界条件而结束于该状态的历史所作的贡献叠加在一起而得出。换言之，在宇宙学中人们不应该从底往上遵循宇宙的历史，因为那假定了存在一单个历史，具有明确定义的起点和演化。相反地，人们要从顶往下地跟随历史，从现时刻往回溯。某些历史比其他的历史可能性更大，而求和通常被一单个历史所支配，这个历史开始于宇宙的创生而完成于正被考虑的态。然而，对于宇宙在此刻当下不同的可能的态，乃存在不同的历史。这就导致宇宙以及因果之间关系的根本不同的观点。对费恩曼求和有贡献的历史并没有独立的存在，而依赖于什么正在被测量。我们用自己的观测来创造历史，而非历史创生我们。

宇宙不具有一个唯一的独立于观察者的历史这一思想，似乎和我们知道的某些事实相矛盾。也许存在一个历史，其中的月亮是羊乳酪做的。但是我们观察到的月亮不是乳酪做的，这对于耗子是个坏消息。因此，有些历史，比如说，其中的月亮是乳酪做的那号历史，对我们宇宙的现态没有贡献，尽管那样的历史也许对其他宇宙有贡献。这听起来像是科幻小说，但它不是。

从顶往下方法的一个重要含义是，自然表观定律依赖于宇宙历史。许多科学家相信存在单个理论，能解释那些定律和自然的物理常数，诸如电子质量或者时空的维数。但是从顶往下宇宙学要求，自然表观定律因不同历史而不同。

想一想宇宙的表观维度。根据 M 理论，时空具有十个空间维度和一个时间维度。意思是空间的七个维度蜷缩到我们觉察不到的那么小，给我们留下错觉以为所有存在的只是余下的三个我们熟悉的大的维度。M 理论未能解决的核心问题之一是：在我们宇宙中为何不能有多于三个大的维度，以及为何不能有任何数目的维度蜷缩起来？

许多人愿意相信，存在某种机制使空间维度除了三个以外都自发蜷缩。另外有可能是，或许所有的维度都从微小起始，但是因某种可理解的原因，三个空间维度膨胀了，而其余的没有膨胀。然而，似乎没有动力学原因让宇宙显得是四维的。相反地，从顶往下的宇宙学预言，大的空间维度的数目并非由任何物理原理所确定。对于从零到十的大空间维度的数目，都有一个量子概率幅度。对于宇宙的每一种可能历史，费恩曼求和允许所有这一切；然而，观察到我们宇宙具有三个大的空间维度，就选取出一些历史的亚类，它们具有正被观测的性质。换言之，宇宙具有多于或少于三个大空间维度的量子概率是没有关系的，因为已经确定我们是处于一个具有三维大空间维度的宇宙中。这样，只要对于三个大空间维度的概率幅度不是确切为零，它与其他数目维度的概率幅度相比较，不管多么小都没关系。这就像问现任教皇是中国人的概率幅度。我们知道他是位德国人，即使他是中国人的概率更高，因为中国人比德国人多。类似地，我们知道我们的宇宙展现三个大的空间维度，因此，即使其他数目的大空间维度也许具有更大的概率幅度，我们也只对具有三维的历史感兴趣。

蜷缩的维度又是怎么回事呢？回忆一下，在 M 理论中，余下的蜷缩维度，内空间的精确形状既确定诸如电子电荷的物理量的值，又确定基本粒子之间的相互作用，也就是自然力的性质。如果 M 理论只允许蜷缩的维度取一种形状，或者允许一些，但是其中除了一种都被某种手段排除掉，只给我们留下自然的表观定律的一种可能性，那么事情的结果就很漂亮。然而不然。也许多达 10^{500} 种不同的内空间都拥有一些概率幅度，每种内空间都导出不同的定律和不同的物理常数值。

如果人们从底往上建立宇宙的历史，就没有理由让宇宙应终止于对应于我们实际观测到的粒子相互作用，即（基本粒子相互作用）标准模型的内空间。但在从顶往下方法中，我们接受具有所有可能内空间的宇宙存在。在一些宇宙中，电子具有高尔夫球的质量，且引力比磁力更强。标准模型及其所有参数适用于我们的宇宙。人们可以计算在无边界条件下导致标准模型的内空间的概率幅度。如同存在具有三个大空间维度的宇宙的概率一样，这个概率相对于其他可能性的幅度是多小都没有关系，因为我们已经观察到标准模型描述我们的宇宙。

我们在这一章中描述的理论是可检验的。在较早的例子中，我们强调了，对于极端不同的宇宙，诸如那些具有不同数目的大空间维度的宇宙，其相对概率幅度并不重要。重要的是相邻（即相似）宇宙的相对概率幅度。无边界条件意味着，完全光滑地启始宇宙的历史拥有最高的概率幅度。对于更无规的宇宙其幅度被减小。这表明早期宇宙曾经是几乎光滑的，但具有小无规性。正如我们提到过的，我们能在从天空的不同方向来的微波的微小变化中观测到这些无规性。人们已经发现它们和暴胀理论一般要求完全相符；然而，需要更精密的测量才能把从顶往下理论和其他理论辨别开来，并且要么支持，要么拒绝。这些很可能在将来用卫星来实施。

　　几百年前，人们认为地球是唯一的，并位于宇宙中心。今天我们知道，在我们星系中存在几千亿颗恒星，其中很大的百分比拥有行星系统，以及存在几千亿个星系。本章描述的结果指出，我们的宇宙本身也是许多宇宙中的一个，而且其表观定律不是唯一确定的。那些希望终极理论即万物理论能预言日常物理性质的人，对此一定非常扫兴。我们不能预言诸如大空间的维数，或者预言确定我们所观察的物理量（例如，电子和其他基本粒子的质量和荷）的内空间。毋宁说，我们使用那些数目去选择哪种历史对费恩曼求和有所贡献。

　　我们似乎正处于科学史的临界点，此刻必须变更我们有关目标以及使物理理论可被接受的条件的观念。看来，自然表观定律共有多少，乃至取何形式，都不是逻辑或物理原则所必然要求的。参数可自由采取许多值，而定律也可采取任何导致一个自洽的数学理论的形式，而且在不同的宇宙中，它们的确采取不同的值和不同的形式。那可能不满足我们人类的欲求——希望我们自己是特殊的，或者想发现容纳所有物理定律的优雅集合。但那也许正是自然的方式。

　　似乎存在可能宇宙的巨大全景。然而，正如我们将在下一章中看到的，像我们这样的生命在其中能存在的宇宙是很稀罕的。我们生活在其中生命是可能的一个宇宙中，然而假若宇宙稍为不同，像我们这样的生命便不存在。从这种微调我们可得出什么结论呢？这证明宇宙归根到底是由一位仁慈的造物者设计的吗？或者，科学会提供另外的解释？

第七章

表观奇迹

也许永远不能进化出复杂的生命形式。例如，牛顿定律允许
行星轨道要么是圆要么是椭圆（椭圆是挤扁的圆，沿着一个
轴上较宽，而沿着另一轴较窄）。椭圆被挤扁的程度用所谓
的偏心率来描述，这是一个在 0 和 1 之间的数。偏心率接近
0 表示图形类似于圆周，而偏心率接近 1 表示它非常扁。恒
星不进行完美的圆周运动使开普勒非常不安，然而地球轨道
的偏心率大约仅为 2%，这表明它几乎是圆形的。后来发现，
这真是个好运气。

双星轨道
围绕双星系统公转的行星可能拥有荒凉的天气，对于生命而言，有些季节
过热，其他季节又过冷。

地球上的季节天气模式主要是由地球旋转轴相对于围绕
太阳轨道面的倾角确定。例如，在北半球冬季之际，北极向
离开太阳方向倾斜。事实上在那时，地球离太阳最近——只
有 0.915 亿英里那么远，而相对于 7 月初离开太阳大约有
0.945 亿英里，这个事实和它的倾斜相比，对于温度只有可忽

偏心率

偏心率是一个椭圆偏离一个圆有多近的量度。圆周轨道对生命友好，而延伸得非常长的轨道导致巨大的季节温度波动。

略的效应。然而，在具有大轨道偏心率的行星上，离日距离的变化起的作用就大多了。例如，在具有偏心率 20%的水星上，处于近日点时它的温度超过其处于远日点时 200° F。事实上，如果地球轨道的偏心率接近于 1，我们到达近日点时海洋会沸腾，而到达远日点时海洋会冰冻，无论是寒假还是暑假都不宜人。大轨道偏心率无助于生命，因此我们很幸运地拥有其轨道偏心率接近于 0 的一个行星。

在太阳质量和我们离开它的距离的关系上，我们也很幸运。这是因为恒星质量确定其放出的能量数量。最大的恒星拥有的质量大约为我们太阳的 100 倍，而最小的恒星大约为我们太阳的 1%。而且还有，假如日地距离给定，如果我们的太阳只要轻或重 20%，地球就会比现在的火星更凉，或比现

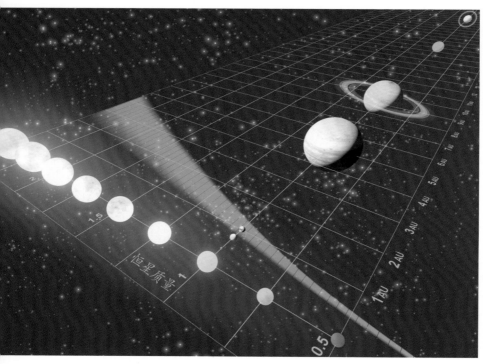

金凤花带

如果金凤花对行星取样检查，她只会在绿带中找到那些适合生命的。黄色的恒星代表我们的太阳。较白的恒星较大较热，较红的较小较冷。行星比绿带靠它们的太阳更近，对生命而言则太热，而更远的行星就太冷。对于较冷恒星可居住带较小。

在的金星更热。

　　传统上，给定任何恒星，科学家将可栖息区域定义为围绕着恒星的狭窄地区，该处温度使得液态水能存在。可栖息区域有时称为"金凤花区域"，这是因为要求液态水存在意味着，正如金凤花，智慧生命的发展要求行星温度"刚好合适"。上面的画里我们太阳系中的可栖息区域很微小。幸运的是，对于我们之中的那些智慧生命形式，地球刚好落在其中！

牛顿相信，我们奇异的可栖息区域并非"仅由自然定律从混沌中产生"。相反，他主张，宇宙中的秩序"最初是由上帝创造的，并由他将同样的状态和条件保存至今"。很容易理解为何人们会这么想。如果我们的太阳系是宇宙中唯一的，那么许多似不可信的事件协同发生使我们得以存在，以及我们世界的善待人类的设计，确实令人困惑。然而，1992 年首次确认，观测到另有一个像我们这样的太阳，有一颗像地球这样的行星绕之公转。我们现在知道几百颗这样的行星，而很少有人怀疑，在我们宇宙中的亿万颗恒星之中存在无数其他的行星。这使得我们的行星条件——单一太阳，日地距离和太阳质量——的巧合作为地球是仅仅为了讨好我们人类而精心设计的证据，远非那么不寻常，那么引人注目。存在各种各样的行星。有些——至少一个——支持生命。显然，当一个支持生命的行星上的生命研究围绕着他们的世界，他们一定发现其环境满足他们要求的存在条件。

上面的陈述可以表达为一个科学原理：正是我们的存在赋予了确定我们从何处在何时可能观测宇宙的规则。也就是说，我们存在的事实限制了我们发现自己处于其中的一类环境的特征。这个原则称为弱人择原理。（我们很快就要看到为什么附加了形容词"弱"。）比人择原理更好的术语可以是"选择原理"，因为这原理是指对我们存在的自我了解如何强加规则，这规则从所有可能的环境中只挑出那些具有允许生命发生的特征的环境。

虽然也许听起来像哲学，弱人择原理可用来进行科学预言。例如，宇宙有多老了？正如我们很快就要看到的，为了我们的存在宇宙必须包含诸如碳的元素，碳是在恒星之中由加热更轻的元素产生的。然后碳必须在一次超新星爆发中通过太空散射，而最终在新一代的太阳系中凝聚成行星的部分。

1961 年，物理学家罗伯特·迪克论证道，这个过程大约要花 100 亿年，这样，我们在此存在，就意味着宇宙应至少那么老。另一方面，宇宙也不能比 100 亿年老太多，由于在遥远的将来恒星的所有燃料会被用光，而我们需要热的恒星来维持我们。因此宇宙必须是大约 100 亿年那么老。那不是极端精密的预言，但它是真的——根据现有资料，大爆炸发生于大约 137 亿年之前。

正如宇宙年龄的情形，人择预言对于一个给定物理参量通常产生一个值的范围而非精确地给定它。那是因为我们的存在尽管不需要某些物理参量的特殊值，它都经常依赖于其值不偏离我们实际发现的太远的这类参数。此外，我们预料我们世界中的实际条件通常在人择允许的界限之内。例如，如果只有适度的轨道偏心率，比如讲在 0 和 0.5 之间允许生命，那么 0.1 的偏心率就不应该使我们惊讶，因为在宇宙的所有行星之中，也许有相当大比率的行星拥有偏心率那么小的轨道。但倘若结果是地球在一个接近完美的，具有比如说 0.000 000 000 01 偏心率的圆周上运行，那就的确会使地球变成非常特殊的行星，并且促使我们试图解释为何我们发现自己生活在如此反常的家园。这个思想有时被称作平庸原理。

与行星轨道形状、太阳质量等有关的幸运巧合被称为环境巧合，这是因为它们是从我们周围意外的好运而非从自然基本定律中的侥幸的机会产生。宇宙的年龄也是一个环境因素，在宇宙的历史中存在更早或更晚的时间，但因为这个时代是仅有的有助于生命的时代，因而我们必须生活在此时代。因为我们的栖息地只是许多在宇宙中存在的一个，而显然我们必须在一个支持生命的栖息地存在，所以环境巧合很容易理解。

弱人择原理没有多少可争议的。但是存在一种较强的形式，我们将在这里论证，尽管一些物理学家很轻视它。强人择原理提议，我们存在的事实不仅对我们的**环境**而且对**自然定律的可能形式和内容**本身都加以限制。产生这种思想的原因是，似乎奇妙地有助于人类生命发展的不仅是太阳系罕有的特征，而且是我们整个宇宙的特征，解释后者要困难得多。

　　具有氢、氦和一点点锂的太初宇宙如何演化成一个庇护至少一个拥有像我们这样的智慧生命的世界这个故事可写成宏篇巨著。正如我们先前提到的，自然力必须如此，使较重的元素——尤其是碳——能从太初元素产生，并且至少在几十亿年期间保持稳定。既然那些重元素是在我们叫做恒星的火炉里形成，那么力首先必须允许恒星和星系形成。而它们是由早期宇宙细微不均匀性的种子发展成的，早期宇宙除了令人感恩地包含大约十万分之一的密度变化外，几乎是完全均匀的。然而，单是恒星的存在，还有我们由之构成的在那些恒星之中的元素的存在还是不够的。恒星的动力学必须使得有些恒星会最终爆炸，此外还要精准地以一种能把重元素散落到太空去的方式爆炸。还有，自然定律必须要求那些残余能凝聚成新一代恒星，而又有行星纳入了新形成的重元素，环绕着这些恒星运转。正如为了让我们得以发展，早期地球必须发生某些事件，这个链条的每一环节对于我们之存在也都是必需的。但在引起宇宙演化的事件的情形，这类发展被基本自然力的平衡所制约，正是那些交互作用的力必须恰好使我们得以存在。

　　这也许牵涉好多意外发现的好运气。弗雷德·霍伊尔是1950年代首先认识到这一点的一位。霍伊尔相信，所有化学元素最初都是由氢形成的，他觉得氢是真正的太初物质。氢具有最简单的原子核，只包含一个质子，它要么单独，要么和一两个中子结合。（具有相同数目的质子，但具有不同数目的中子的不同形式的氢或任何其他元素的核素称为同位素。）氦和锂的原子的核包含两个和三个质子。我们今天知道，氦元素和锂元素也是太初合成的，那时宇宙年龄大约为200秒，合成的数量要少得多。另一方面，生命依赖于更复杂的元素。其中碳最重要，它是整个有机化学的基础。

虽然人们也许将诸如从其他元素比如硅造出的智慧电脑当做"活"的生物，然若没有碳，生命能否**自发地**演化出来却是令人怀疑的。其原因是技术性的，但必定与碳和其他元素结合的唯一方式有关。例如：二氧化碳在室温下呈气态，并在生物学上非常有用。在元素周期表上硅处于碳的正下方，可见它具有类似的化学性质。然而，二氧化硅即石英在岩石的构成上比在生物的肺中远为有用，尽管如此，也许会演化出某种生命形式，它们可以靠吃硅存活并且在液氨池子里有节奏地扭动尾巴。然而，就是这种怪异的生命也不能仅从太初元素演化而来，因为那些元素只能形成两种稳定的化合物——氢化锂，这是无色的结晶固体；还有氢气：它们都不能谈情说爱，更谈不上生儿育女了。况且，事实依然是，**我们**是碳的生命形式，碳的核包含6个质子，而这引起了碳和我们身体中的其他重元素如何被创造的问题。

第一步发生于较老的恒星开始积聚氦时，氦是当两个氢核碰撞并相互融合而产生的。这种聚变正是恒星制造使我们温热的能量的方式。然后，两个氦原子碰撞又形成铍，这是核包含4个质子的原子。一旦铍形成了，原则上它可能和第三个氦核融合而形成碳。然而这样的事并未发生，因为形成的铍的同位素几乎立即衰变回氦核。

当一个恒星的氢开始被用尽时，情况改变了。那时，恒星的核坍缩，直至其中心温度升至大约1亿开。在那些条件下，核相互间如此频繁遭遇，使得一些铍核在有机会衰变之前即和一个氦核碰撞。那时铍可和氦融合形成碳的一种稳定的同位素。可是从那个碳到形成能享受一杯波尔多葡萄酒，抛耍燃烧的保龄球木瓶，或者诘问有关宇宙问题的那类化合物的有序结合，还有很长的路要走。为了人类这样的生命能存在，碳必须从恒星内部被移到更友好的邻近。正如我们说过的，那就是当恒星在它的生命循环的终点作为超新星爆发，抛出碳和其他重元素时完成了这一步，抛出的这些物质后来凝聚成行星。

　　碳创生的这一过程被称为三阿尔法过程，因为"阿尔法粒子"是涉及的氦同位素的核的另一个名字，而且这个过程

三阿尔法过程

碳是在恒星中由 3 个氦核碰撞形成，若非核物理定律的一种特别性质，这种事件发生的可能性极小。

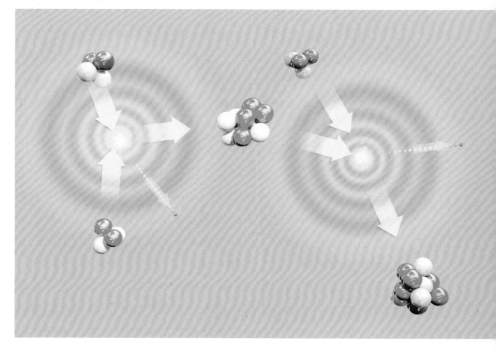

需要它们中的三者（最终）融合在一起。通常的物理学预言，通过三阿尔法过程产生碳的速率应该是非常小的。注意到这一点，1952 年霍伊尔预言，一个铍核和一个氦核的能量之和必须与要形成的碳的同位素的某一量子态的能量几乎精确相等，这种情景称为共振，它极大地提高了核反应的速率。那时还不知道有这种能级，然而在霍伊尔创议的基础上，加州理工学院的威廉·福勒探索并找到了它，为霍伊尔关于复合核如何被创生的观点提供了重要支持。

霍伊尔写道："我不相信任何考察此证据的科学家会得不出推论：核物理定律乃是顾及它们在恒星内部产生的后果而被有意设计的。"在那个时候，无人有足够的核物理知识，得以理解由这些精确物理定律导致的是何等意外的运气。可是，近年物理学家在研究强人择原理的有效性时，就开始寻问，如果自然定律不同的话，宇宙会变成什么模样。我们今天可以创造电脑模型，它能告诉我们三阿尔法反应速率如何依赖于基本自然力的强度。这种计算显示，只要在强核力的强度上哪怕改变 0.5%，或者电力哪怕改变 4%，就会在每个恒星中要么几乎毁灭全部碳，要么毁灭全部氧，因而毁灭了我们所知的生命的可能性。只要稍微改变我们宇宙的那些规则，我们存在的条件就消失了！

以某些方式改变物理学理论并对如此所产生的模型宇宙加以审视，我们能够系统地研究这些改变对物理定律所引起的效应。结果发现，不仅强核力和电磁力的强度是为我们的存在而量身定做的。在以下意义上，我们理论中的大多数基本常数显得都经过了仔细微调，如果它们哪怕被小量改变，宇宙就会有质的不同，在许多情况下不适于生命发展。如果其他核力，比如弱力弱得更多，那么早期宇宙所有的氢都会转变为氦，因而不存在正常恒星；如果它强得多，爆发的超新星就不会喷出外壳，因而就不能在星际空间撒播下行星抚育生命所需的重元素的种子。如果质子只要比现在重 0.2%，它们就会衰变成中子，使原子不稳定。只要构成质子的各类夸克的质量总和改变 10% 这么一点点，那么我们由之组成的稳定的原子核就要少得多；事实上，夸克的质量总和对于最大量稳定核的存在似乎是最佳的。

如果人们假定，对于行星生命之演化，几亿年的稳定轨道是必需的，那么空间维度的数目也被我们的存在所固定。那是因为，根据引力定律，只有在三维时，稳定椭圆轨道才有可能。在其他维度中，圆周轨道是可能的，但正如牛顿担心的，它们会是不稳定的。对于除了三维的任意维，甚至一个小干扰，例如由其他行星的拉力产生的小干扰，就会迫使行星脱离其圆周轨道，并使之要么旋入要么旋离太阳，这样我们要么被烧化要么被冻死。还有，在多于三维时，两个物体间的引力会减弱得比在三维时更快。在三维时，当距离加倍时引力减小到 1/4。在四维时，减小至 1/8，在五维时，减小到 1/16，等等。因而，在多于三维时，太阳不能在一种稳定的状态，即其内压平衡引力吸引的状态下存在。它要么会解体，要么会坍缩形成一个黑洞，任何一种后果都不会让你开心。在原子的尺度下，电力的行为和引力一样。那意味着原子中的电子要么会逃离，要么旋进核去。在任一种情形下，如我们所知的原子都是不可能的。

能够支持智慧观察者的复杂结构的出现似乎是非常脆弱的。自然定律形成了一个极端微调的系统，如要不毁灭我们所知的生命发展的可能性，物理定律能被改变的程度是非常小的。若非在物理定律的精确细节上的一系列令人吃惊的巧合，人类和类似的生命形式似乎永远不可能形成。

最令人印象深刻的微调巧合牵涉到爱因斯坦的广义相对

论方程中所谓的宇宙常数。正如我们说过的，当他于 1915
年表述该理论时，爱因斯坦相信宇宙是静态的，也就是既不
膨胀也不收缩。由于所有物质都吸引其他物质，他将一个新
的反引力的力引进他的理论，以对抗宇宙向自身收缩的倾
向。这个力不像其他力那样来自任何特殊的源，而是植入时
空的肌理本身。宇宙常数描述那个力的强度。

　　当发现宇宙不是静止时，爱因斯坦从他的理论中除去了
宇宙常数，并声称将其纳入是他一生最大的错误。然而，
1998 年对非常遥远的超新星的观测揭示，宇宙正在加速膨
胀，若无某种排斥力，整个空间就不可能有这个效应。宇宙
常数被复活了。由于我们现在知道它的值不为零，余下的问
题便成为，为何它具有现值？物理学家做出了论证，解释它
如何可能因量子力学效应而出现，但他们计算的数值大约比
由超新星观测得到的实际数值强 120 个数量级（或者 1 后面
跟 120 个 0）。这就意味着，或是在计算中使用的推理错了，
不然就是存在着另外某种效应神奇地对消了计算值的一切，
只剩下一个无法想象的小的微量。有一件事可以肯定：如果
宇宙常数的值比现值大得多，我们的宇宙就会在星系形成
之前自己爆炸开来——又一次——就我们所知的生命是不
可能的。

　　我们从这些巧合中得出什么结论呢？物理基本定律的精
确形式与性质中的运气，跟我们在环境因素中碰到的幸运不
是一码事。它不可能被轻而易举地解释，而具有深刻得多的
物理和哲学含义。我们的宇宙及其定律就像是一种设计，两
者都是为支持我们而量体裁制的，如果我们要存在，改变的
余地就很小。这是不容易解释的，而且自然地引起了为何它
是这样的问题。

　　很多人愿意我们利用这些巧合作为上帝工作的证据。宇

宙是上帝设计来供人类居住的观念出现在几千年以来直至现代的神学和神话之中。玛雅人的人神不分的波波武经里说，神正式宣布："直到具有灵性的人类存在，我们才为我们创生和形成的一切接受名誉和尊敬。"公元前 2000 年的典型的埃及文字写道："人，上帝的畜生，已经被很好地供养。他（太阳神）为他们创造了天地。"在中国道教哲学家列御寇（约公元前 400 年）借一个故事中人物之口说道，"天之于民厚矣！殖五谷，生鱼鸟以为之用。"

在西方文化中，旧约圣经在其创生故事中本来就包含了神意设计的思想，然而亚里士多德也极大地影响了传统基督教的观念，他深信一个有智慧的自然世界，根据某种深思熟虑的设计而运行。中世纪基督教神学家托马斯·阿奎那利用亚里士多德关于自然秩序的思想来论证上帝之存在。在 18 世纪，另一位基督教神学家甚至走到这么远，说兔子之所以有白色的尾巴是让我们容易射中它们。几年前，维也纳的总主教克里斯托夫·舍本恩红衣主教对基督教观点给出更加摩登的诠释，他写道："现在，当 21 世纪之初，面临着诸如新达尔文主义和宇宙学中的多宇宙假设等新的科学主张——造作这些主张，就是为了避免现代科学所发现的有关目的和设计的压倒性证据——天主教会将正式宣布自然的内在设计是真实的，以再次捍卫人性。"这位红衣主教所指的宇宙学中有关目的和设计的压倒性证据，即是我们上面描述的物理定律的微调。

哥白尼的太阳系模型是科学拒绝人类中心宇宙的转折点，地球在该模型中不再占据中心位置。具有讽刺意味的是，哥白尼自己的世界观却是神人同形的，甚至到了这种程度，为了安慰我们，他指出尽管有他的日心模型，地球仍**几乎**处于宇宙的中心："虽然（地球）不处于世界的中心，其（离开中心的）距离尤其在和恒星间的距离相比较时算不了什么。"随着望远镜的发明，通过在 17 世纪的观测，诸如我们并非唯一一个拥有月亮的行星之类的事实，强烈支持我们在宇宙中不占据优越位置的原理。在随后的几个世纪里，我们对宇宙发现得越多，似乎越显得地球可能只不过是一颗平凡的行星。然而，较为晚近的发现表明，这么多自然定律被极端地微调到适于我们生存，这至少可使我们中的某些人有点回到这个大设计是某一伟大设计者的作品的旧观念。由于美国不准在学校里教宗教，所以这类思想被称为智慧设计，不明说但隐含的意义是该设计者为上帝。

那却不是现代科学的答案。我们在第五章中看到，我们的宇宙似乎是许多宇宙中的一个，每一个都拥有不同的定律。多宇宙思想不是为了解释微调的奇迹而发明出来的。它是无边界条件还有现代宇宙学中其他许多理论的一个顺理成章的结果。然而如果它是正确的，那么强人择原理就可被认为有效地等同于弱人择原理版本，将物理定律的微调放在和环境因素同样的立足点上，因为它意味着我们的宇宙栖息处——现在是整个可观测的宇宙——只是许多个中的一个，正如我们的太阳系是许多中的一个一样。这意味着，多宇宙的存在可能解释自然定律的微调，其方式和意识到存在类似太阳系的亿万个系统，使得我们太阳系的环境巧合变得寻常一样。长期以来，许多人将在他们的时代似乎得不到科学解释的自然之美与复杂性归功于上帝。然而，正如达尔文和华莱士不用一个至高存在的干涉去解释生命形式看来奇迹般的设计能够出现，多宇宙概念也可以解释自然定律的微调，而不需要一个为我们制造宇宙的仁慈的造物主。

有一次爱因斯坦诘问助手恩斯特·斯特劳斯："上帝在创造宇宙时有任何选择吗？"在 16 世纪后期，开普勒坚信，上帝根据某种完美的数学原则创造了宇宙。牛顿证明，适用于天穹的定律也同样适用于地球，并研究出了表达那些定律的数学方程，这些方程是如此优雅，甚至几乎激起了 18 世纪许多科学家的宗教热诚，他们似乎想用它们来证明，上帝是一名数学家。

自从牛顿，特别是爱因斯坦以来，物理学的目标已是去发现开普勒摹想的那种简单的数学原则，并利用它创造一个万物的统一理论，该理论将解释我们在自然中观察的物质和力的所有细节。在 19 世纪末和 20 世纪初，麦克斯韦和爱因斯坦统一了电磁和光的理论。1970 年代，标准模型被创造出来，这是一个强核力和弱核力以及电磁力的统一理论。后来，弦理论和 M 理论出现，试图去包括余下的力，即引力。其目标是找到一个单一理论，希望它不仅能解释所有力，而且能解释我们一直谈论的一些基本数，比如各种力的强度和基本粒子的质量与荷。正如爱因斯坦所说，希望在于能够说"自然是这样构成的，可能逻辑地设计这么坚确的定律，以至于在这些定律之中只有合理地完全被确定的常数存在（因此，不是那些在不毁灭理论的前提下数值可被改变的常数）"。一个唯一的理论不大可能配了微调以允许我们的存在。但是鉴于目前的进步，我们如果将爱因斯坦之梦解释为找到唯一的理论，该理论解释这个和其他宇宙及其不同定律的整个谱系，那么 M 理论可能就是那个理论。然而，M 理论上是唯一的吗？或者它是由任何简单的逻辑原则所要求的吗？我们能回答这个问题吗？为什么是 M 理论而不是别的理论？

第八章

伟大设计

> 为何存在实在之物而非一无所有？
>
> 为何我们存在？
>
> 为何是这一套定律而非别的？

有人会宣称这些问题的答案是上帝之存在，是他选择以那种方式创造了宇宙。询问何人或何物创造了宇宙是合理的，倘若答案是上帝，那么问题只不过是被转换成谁创造上帝的问题。按照这种观点，存在某种不需要造物主的实体，而那个实体称作上帝，这就可接受了。这就是众所周知的对上帝存在的第一原因论证。然而我们宣布，纯粹在科学的王国中，而不必乞求任何神即能回答这些问题。

根据第三章引进的依赖模型的实在论的思想，我们的头脑通过对外部世界作一个模型来解释来自感官的输入。我们形成了房子、树、其他人、从墙上电源流出的电、原子、分子以及其他宇宙的心理概念。这些心理概念是我们所能知道的仅有的实在。不存在不依赖模型的实在性检验。由此推出，一个构建良好的模型创生自身的一个实在。1970年，剑桥的一位名叫约翰·康威的年轻数学家发明的生命游戏便是一个帮助我们思索实在和创生问题的例子。

在生命游戏中，"游戏"这个词是个误导的术语。不存在赢者和输者；事实上其中不存在游戏者。生命游戏不是真正的游戏，只不过是制约一个两维宇宙的一组定律。它是一个决定性的宇宙：一旦你设立起始构形，或初始条件，定律确定在将来发生什么。

康威猜想的世界是一个方形排阵，像一个棋盘，但在所有方向上无限延伸。每个方块可处于2个态中的1个：活（在下图中用绿色标示）或死（在下图中用黑色标示）。每个方块有8个邻居：上、下、左、右以及4个对角邻居。在这个世界中时间不是连续的，而是向前以分立的步骤前进。在给定的任何死生方块的位形下，活邻居的数目根据下列规则确定下一步发生什么：

　　1. 一个具有两或三个活邻居的活方块存活（存活）。

　　2. 刚好具有 3 个活邻居的死方块成为活细胞（诞生）。

　　3. 在所有其他情形下，一个细胞死去或保持死亡。在一个活的方块具有零或一个邻居的情形下，就说死于孤独；如果它有多于 3 个邻居，就说死于拥挤。

　　这就是全部：给定任何初始条件，这些规则就使排阵一代一代地延续下去。一个孤立的活方块或者两块毗连的活方块在下一代死亡，因为它们没有足够的邻居。3 个沿着对角方向的活方块活得久一些。在第一步后端点的方块死了，只留下中间的方块，它在后面接着的那一代死去。任何方块的对角线就以这种方式"蒸发"了。倘若 3 个活方块放在水平的行上，中间的又因有两个邻居而存活，而两端的方块死亡，但在这个情形下，刚好位于中间上方和下方的细胞经历了诞生。因此行变成了列。类似地在下一代列又回到了行，等等。这种来回振荡的形状称作眨眼。

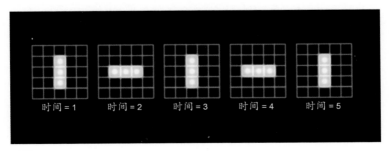

眨眼
眨眼是生命游戏中一种简单类型的复合体。

如果 3 个活方块摆成 L 形状，就会发生新的行为。在下一代被 L 抱着的方块会诞生，导致一个 2×2 的方砖。方砖属于称作静止生命的模式类，因为它会照原样不变地一代代传下去。有许多构形都像这样，先是变形，数代之后很快转成静止生命，或者死去，或者回到原先的形态而后重复这过程。

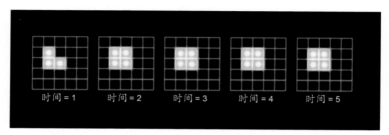

向静态生命的演化

在生命游戏中某些复合体演化成一种形态，按规则要求，这种形态永不改变。

还存在滑翔器的模式，它变体成其他形状，几代之后，回到原先的形状，但在位置上沿着对角方向向下移动一个方块。如果你观察这些东西随着时间的发展，它们仿佛沿着阵列爬行。当这些滑翔器发生碰撞时，可发生古怪的行为，依碰撞时每个滑翔器的形状而定。

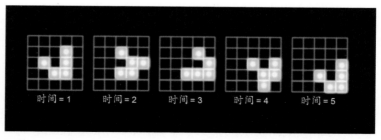

滑翔器

滑翔器通过这些中间形状而变体，然后回到原先的形态，并沿着对角方向移动一个方块。

　　尽管这个宇宙的基本"物理"很简单，其"化学"可很复杂，使得这个宇宙很有趣。也就是说，存在不同尺度的复合对象。在最小的尺度上，基本物理告诉我们，只存在活的和死的方块。在较大尺度上，存在滑翔器、眨眼和静止生活的砖块。在更大的尺度上，甚至存在更复杂的对象，诸如滑翔枪：这是一种稳态的模式，它周期性地生养新的滑翔器，后者离开巢沿对角线方向射去。

　　如果你在任何特别尺度上对生命游戏的宇宙观察一回，你就会推知制约那个尺度的对象的定律。例如：在断面只有几个方块的对象的尺度上，你也许拥有诸如"砖头永不运动"、"滑翔器对角移动"，以及当对象相撞时发生什么等各种定律。你可以在复合体的任何水平上创造一整套物理学。

滑翔枪的初始形状
滑翔枪大体是滑翔器 10 倍那么大。

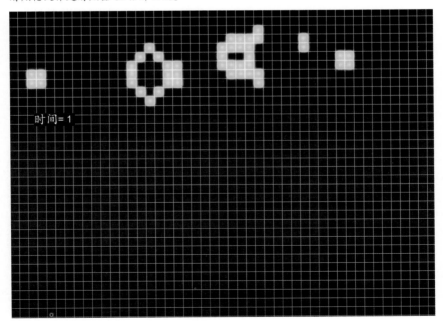

时间＝1

这些定律需要用在原先定律中不存在的实体和概念来描述。例如，在原先的定律中没有诸如"碰撞"或"运动"的概念。那些定律只描述个别稳态方块的生与死。正如在我们的宇宙中一样，在生命游戏中你所把握的实在依赖于你使用的模型。

　　康威和他的学生之所以要创造这个世界，是因为他们想知道，具有简单到他们定义的基本规则的一个宇宙能否包含复杂到足以复制自己的对象。在生命游戏世界中，是否存在这种复合体，它仅仅在遵循那个世界定律几代之后，将会复制出自己种类的对象？康威和他的学生不仅能展示这是可能的，甚至还证明这样的对象在某种意义上是智慧的。我们在

116 代后的滑翔枪

滑翔枪随时间改变形状，发射出滑翔器，然后回到它的原先形态和位置，循环往复，以至无穷。

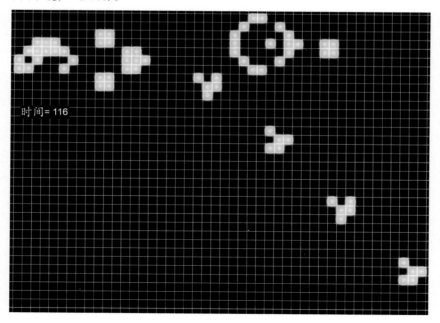

时间= 116

这里讲的智慧是什么意思呢？准确地讲，他们证明了，能自我复制的巨大的方块凝聚是一些"普适图灵机"。就我们的目的而言，这意味着，对于我们物理世界中的一台电脑原则上能够进行的计算，给这台机器以适当的输入——也就是为生命游戏提供适当的世界环境——那么几代之后机器就会处于一个状态，从该状态可以读到输出，它对应于那个电脑算出的结果。

为了稍微了解一下那如何实现，可以试想当滑翔器被射到活方块的简单的 2×2 方砖上会发生什么。如果滑翔器以恰好的方式靠近方砖，一直稳态的方砖就会凑向或远离滑翔器的射源。方砖能以这种方式模拟电脑记忆。事实上，一台现代电脑的所有基本功能，诸如与门和或门，也能从滑翔器创生。这样，正如在物理电脑中利用电信号发送和处理信息一样，也可以这种方式利用滑翔器的流动序列去发送和处理信息。

在生命游戏中，正如在我们的世界中，自繁殖模式是一些复杂的对象。基于数学家约翰·冯·诺依曼早先的工作，有一种估计认为，在生命游戏中，能够自我复制的模块，其最小尺度是十万亿个方块——大约为人的一单个细胞中分子的数目。

人们可以将生物定义为稳定并能复制自身的尺度有限的复杂系统。上述的对象满足了复制条件，但也许还不稳定：从外界来的微小扰动也许会毁灭那脆弱的机制。然而，很容易想象，稍微复杂的定律会容许具有生命所有特性的复杂系统出现。想象那种类型的一个实体，一个康威那种世界中的对象。这样的对象会对外界的刺激有反应，因此显得在做决定。这样的生命会有自我意识吗？这是一个有关意见极端对立的问题。有些人宣布自我意识是人类独有的东西。是它给

而且对我们能测量的量必须预言有限的结果。我们已经看到，必须存在像引力定律那样的定律，而且我们在第五章中看到，为了使引力论能预言有限的量，该理论在自然力和它作用于其上的物质之间必须具有所谓的超对称。M 理论是最一般的超对称的引力论。由于这些原因，M 理论是宇宙的完备理论的仅有候选者。如果它是有限的——这还有待证明——它就是一个自创生宇宙的模型。我们必须是这个宇宙的部分，因为不存在其他一致的模型。

M 理论是爱因斯坦所希望找到的统一理论。人类——我们自身只不过是自然的基本粒子的集聚——已经能够这么接近地理解制约我们和我们宇宙的定律，这一事实就是一项伟大的胜利。但真正的奇迹也许在于，逻辑的抽象思考导致一个唯一的理论，它预言和描述了我们所看到的充满令人惊异的千姿百态的浩瀚宇宙。如果该理论被观测所证实，它就将是过去 3000 多年来一场智力探索的成功终结。我们就可以说找到那个大设计了。

小 辞 典

可择历史

量子论的一种表述，其中任何观测的概率均由所有能导致该观测的可能历史所构成。

人择原理

一种思想，认为我们基于我们存在这一事实即能得出有关物理表观定律的结论。

反物质

每种物质粒子都有相应的反粒子。如果相遇，它们就相互湮没，只余下纯粹能量。

表观定律

我们在我们宇宙中观察到的自然定律——4 种力的定律以及诸如表征基本粒子的质量和荷的参数——与称为 M 理论的更基本定律相对而言，后者允许具有不同定律的不同宇宙。

渐近自由

强力的一个性质，这一性质使强力在短距离下变弱。因此，虽然夸克在核子中被强力束缚，它们在核中仍可能运动，犹如它们根本没有受力一样。

原子

通常物质的基元，包含一个具有质子和中子的核，周围有电子绕核公转。

重子

诸如质子和中子的一类基本粒子，由 3 个夸克构成。

大爆炸

宇宙的紧致、灼热的开端。大爆炸理论设想，在大约 137 亿年前，我们今天能看到的这部分宇宙只有几毫米宽。现在宇宙变得非常大非常凉，然而我们能在弥漫于整个太空的宇宙微波背景辐射中观察到那个早期宇宙的残余。

黑洞

时空的一个区域，由于它极大的引力而与宇宙的其余部分隔离。

玻色子

携带力的基本粒子。

从底往上方法

在宇宙学中，依赖以下假设的思想，即存在单一的宇宙历史，该历史具有明确定义的起始点，而且现在宇宙的状态是从那个起始点演化而来。

经典物理

物理学的任何理论，在该理论中假设宇宙具有单一的明确定义的历史。

宇宙常数

爱因斯坦方程中予时空以固有膨胀倾向的一个参数。

电磁力

4种自然力中的第二强的力。它作用于具有电荷的粒子之间。

电子

物质的一种基本粒子，它具有负电荷，而且负责元素的化学性质。

费米子

物质型的基本粒子。

星系

由引力束缚在一起的恒星、星际物质和暗物质的大的系统。

引力

4种自然力中最弱的力。具有质量的物体正是由它来相互吸引。

海森伯不确定性原理

量子论的一个定律，它是讲某些成对的物理性质不能同时在任意精度上被测知。

介子

一类基本粒子，由夸克和反夸克构成。

M 理论

物理学的基本理论，它是万物理论的一个候选者。

多宇宙

一族宇宙。

中微子

一种极轻的基本粒子，只受弱核力和引力的作用。

中子

一类电中性的重子，与质子一起形成原子核。

无边界条件

条件要求，宇宙的历史是没有边界的闭合面。

相位

在波的循环中的位置。

光子

携带电磁力的玻色子。光的量子粒子。

概率幅度

量子论中的一个复数，其绝对值的平方给出概率。

质子

一类带正电荷的重子，它与中子构成原子核。

量子论

一种理论，在那个理论中，物体不具有单一明确的历史。

夸克

具有分数电荷的基本粒子，它感受强力。质子和中子各由 3 个夸克组成。

重正化

设计来使在量子论中产生的无限具有意义的数学技艺。

奇点

时空中的点，在该处物理量变成无穷大。

时空

一种数学空间，它的点必须既被指明空间坐标又被指明时间坐标。

弦论

物理学的理论，其中粒子被描述成振动的模式，振动具有长度却无高度或宽度——就像一段无限细的弦。

强核力

4 种自然力中最强的力。这种力在原子核中把质子和中子束缚在一起。它还把质子和中子自身束缚在一起，因为它们是由更微小的粒子夸克组成，所以它是必需的。

超引力

引力论的一种，它拥有一种称作超对称的对称。

超对称

一种微妙的对称，它不能和通常空间的变换相关。超对称的一个重要含义是力粒子和物质粒子，也因此力和物质实际上只是同一件东西的两个方面。

从顶往下方法

宇宙学的方法，在这方法中人们"从顶往下"，也就是从现在往过去追踪宇宙历史。

弱核力

4种自然力的一种。弱力负责放射性并在恒星以及早期宇宙的元素形成中起极重要的作用。

感　谢

　　宇宙有一个设计，书也有一个。然而和宇宙不同，书不会从无中自发出现。一部书需要一个创造者，其角色并非全部落到作者的肩膀上。因此，首先也是首要，我们愿意感谢我们的编辑 Beth Rashtaum 和 Ann Harris 的近乎无限的耐心。我们需要学生时，她们是学生，我们需要老师时，她们是老师，而我们需要激励时，她们是激励者。她们专心致志、兴高采烈地处理手稿，不厌其烦地与我们商讨，无论是关于把逗号放在何处，还是关于不可能把负曲率的面轴对称地嵌入平坦空间中。我们还想感谢：Mark Hillery，多承他阅读了手稿的大部分并提供了有价值的意见；Carole Lowenstein，她对版式设计帮助良多；David Stevenson，他指导完成封面设计；Loren Noveck，她的细致免除了许多在付印之前我们不愿见到的打印错误。非常感谢 Peter Bollinger：你以插图的形式将艺术带给科学，你勤勉地保证每个细节之准确。还要感谢 Sidney Harris：感谢你的美妙卡通以及你对科学家面临问题的高度敏感。我们还因为得到的支持和鼓励感激我们的代理人 Al Zuckerman 和 Susan Ginsburg。如果有两条启示是他们一直提供的，那便是"早到了完成此书的时候了"和"不要介意何时完成，你们最后总能完成"。他们足够明智，知道什么时候该说哪个。而最后，我们感谢史蒂芬的个人助理 Judith Croasdell；他的电脑助手 Sam Blackburn 以及 Joan Godwin。他们不仅提供了精神支持，还提供了体力上和技术上的支持，若无这些支持，我们就写不完这本书。此外，他们总知道去何处找到最好的酒吧。

图书在版编目（CIP）数据

大设计／（英）霍金，（英）蒙洛迪诺著；吴忠超译 . —长沙：
湖南科学技术出版社，2011.1（2018.4 重印）
　　ISBN 978－7－5357－6544－4

　　Ⅰ . ① 大… Ⅱ . ① 霍… ② 蒙… ③ 吴… Ⅲ.①科学知识—
普及读物　Ⅳ.①Z228

中国版本图书馆 CIP 数据核字（2010）第 239455 号

THE GRAND DESIGN by Stephen Hawking and Leonard Mlodinow
（Copyright notice exactly as in Proprietor's edition）
Simplified Chinese translation copyright ⓒ 2011 by Hunan Science & Technology Press
Published by arrangement with Writers House, LLC
ALL RIGHTS RESERVED
湖南科学技术出版社获得本书中文简体版中国内地独家出版发行权。
版权登记号：18—2007—087

大设计

著　　者：史蒂芬·霍金　列纳德·蒙洛迪诺
译　　者：吴忠超
策划编辑：孙桂均　李　媛
文字编辑：陈一心
责任营销：邬晓妹
责任印制：胡　平
出版发行：湖南科学技术出版社
社　　址：长沙市湘雅路 276 号
　　　　　http://www.hnstp.com
邮购联系：本社直销科　0731—84375808
印　　刷：长沙鸿发印务实业有限公司
　　　　　（印装质量问题请直接与本厂联系）
厂　　址：长沙县黄花镇工业园3号
邮　　编：410137
版　　次：2011 年 1 月第 1 版
印　　次：2018 年 4 月第 15 次印刷
开　　本：950mm×640mm　1/16
印　　张：11
插　　页：4
书　　号：ISBN 978－7－5357－6544－4
定　　价：48.00 元